黄米 著

贵州出版集团
贵州人民出版社

图书在版编目（CIP）数据

80后父母育儿宝典/黄米著 .-- 贵阳：贵州人民出版社，2013.3

ISBN 978-7-221-10706-0

Ⅰ.①8… Ⅱ.①黄… Ⅲ.①婴幼儿—哺育 Ⅳ.①TS976.31

中国版本图书馆 CIP 数据核字（2013）第 004578 号

80后父母育儿宝典

80hou Fumu Yüer Baodian

作者　黄米

责任编辑　张静芳　范春雪　张忠凯

贵州人民出版社出版发行

贵阳市中华北路 289 号　邮编　550004

发行热线：010-59623775　010-59623767

北京中科印刷有限公司

2013 年 9 月第 1 版第 1 次印刷

开本　710mm×1020mm　1/16

字数　187 千字　印张　14.25

ISBN 978-7-221-10706-0

定价　28.00 元

目 录
Contents

第五部分：孩子的智力开发决定一生 / 075

第六部分：让心灵与身体一起健康成长 / 089

第七部分：塑造性格 / 113

第八部分：培养习惯 / 129

第十一部分：养育孩子最常见的20个问题 / 187

第一部分：相信你自己和宝宝

- 孕前心理准备要做好
- 勿让传统育儿观念束缚新生儿
- 培养孩子的目的是让他快乐
- 幸福的家庭是孩子最好的成长环境

相信你自己能做成功的父母

　　小咪这几天总觉得自己怎么睡都睡不够，挤地铁的时候站着都能睡着。浑身没劲，躺下了就坐不起来，坐下了就站不起来。曾经生龙活虎的小咪不知道自己是怎么了。这天，小咪站在地铁上摇摇晃晃、昏昏欲睡，突然眼前一晃而过的某广告闯入小咪的瞳孔，小咪晃晃脑袋强迫自己清醒一点，然后掐指一算，好像自己的好朋友过了一个星期了还没来。

　　死了死了，糟了糟了，怎么办啊？小咪很抓狂，心想下了班要赶紧买试纸回去试一下。紧紧张张过了一天，小咪买完试纸就急匆匆地往家赶，进了门直奔厕所，弄得自个儿老公大咪一脸茫然地站在那里反应不过来。"不知道风风火火地又要干吗！"大咪嘀咕了一句继续择菜。

　　小咪很激动很害怕很忐忑，不知所措地等着结果，在厕所里转圈圈，看着那两条红杠杠逐渐显现出来。"啊……"小咪一声尖叫，吓得大咪丢下手中的菜就跑过来，"怎么了？！怎么了？！"大咪一边拍打着厕所门一边焦急地问道，"出什么事了啊？开开门说啊！"

对于年轻夫妇，从单身到结婚再到怀孕是一个需要调试的心理过程。很多对夫妻可能并不是有计划地怀孕，大部分妈妈都会像小咪一样害怕、紧张、害羞，觉得难以启齿。也许有的妈妈在得知怀孕的初期有那么一刻会带着激动的心情，迎接新生命的到来，但同时她们也会因缺乏怀孕和生育经验而不知所措，产生强烈的紧张、不安和焦虑的情绪。因此，孕前的心理准备一定要做好，良好的心理准备不仅关系自身的身心健康，还将影响生育。

过了一会儿，小咪打开门，泪流满面、语无伦次地说："老……老公，怎么办啊？怎么办？有小小咪了！"大咪愣了一下："什么小小咪啊？说清楚啊！"过了几秒钟大咪惊喜地指着小咪的肚子，"你……你……你……是说，你有……我有……有小小咪了！哈哈哈！有小小咪了！"

小咪害羞地捶着大咪："小声点！"

看大咪高兴、激动的样子，相信很多男人初为人父的时候和大咪是一个样的。做爸爸肯定是一件乐事，但是也意味着增添了许多责任。怀孕是两个人共同的创作过程，所以不光女性要做好心理准备，作为创作者之一的老公也必须做好足够的心理准备。有不少实际问题丈夫在妻子怀孕前都必须考虑到。有了孩子，花前月下的散步和挑灯夜战的安宁就会急剧减少，但从另外一方面想，我们可以享受到天伦之乐，生命的乐章有了新的旋律，自己的生命在孩子的身上得到延续。也许，对普通家庭来说，住房不宽裕，收入也不算丰厚，孩子的降临会给生活带来一些压力，但一天天地看着孩子不断地健康成长，压力和烦恼便会无形中减少许多。

所以，小咪怀孕事件在他们小小的担忧之后，也让两人高兴了好一阵子，他们两眼发光，憧憬着未来，都在想象着小小咪以后的模样——有一个翻版的自己该是多么好玩的事情，想想就开心。不过兴奋之后，小咪却一脸担心地问："有了小小咪以后应该怎么办啊？我什么也不会，我有点怕，我怕生孩子痛，我也不会教孩子，我自己还爱玩呢，你说如果我和他抢玩具他会哭吗？"

"……还有，你说，怀孕是不是会很辛苦呀，怀孕以后是不是很多东西都不能吃，好多漂亮衣服都不能穿了呀？我会不会变得很丑呢？大咪，我好怕呀……"

"放心吧，小咪，你看着我，一切有我呢！"大咪信誓旦旦，两眼含情脉脉地望着小咪，"不过，现在，我们首先应该干吗呢？"

其实，怀孕几乎是每个妇女都要经历的人生过程，是件喜事。作为女人能体会到十月怀胎的艰辛滋味也就不愧"母亲"这一光荣称号。**不要把生产想得那么可怕，不必为此背上思想包袱，要相信自己能够成为一个成功的妈妈。在怀孕的过程中，孕妇要尽量放松自己的心态，及时调整和转移产生的不良情绪，记得要保持乐观稳定的情绪状态。夫妻可以经常谈心，给胎儿唱唱歌……共同学做合格的父母。**

在变化的世界里养育孩子

大咪的安慰让小咪逐渐安下心来，她不再像刚开始那样紧张和惶恐，开始学着做一个合格的妈妈，但是，孕妇总是比一般人要敏感、多疑，前人总结出来的经验有时候还真是亘古不变的真理。

"啊……"小咪突然从睡梦中吓醒。

"怎么了？做什么梦了？"

"我，我梦见小小咪在学校被人欺负，他们都往小小咪身上丢泥块，他不过是想和他们一起玩而已。我特别想冲过去帮他一下，可是，我怎么跑也跑不过去，我一急就醒来了。"

大咪拍了拍她："你怎么净做些稀奇古怪的梦啊？你以为现在是什么社会呀？你以为小小咪是什么人，他就那么容易被欺负吗？咱小小咪的情商一定会比你高，别人想和他做朋友还来不及呢！还丢泥块？现在早都不流行这个了。哎，说说，是不是你们小时候就这么欺负外来的小朋友？"

"哪啊，我们才不那样呢！行了，睡觉睡觉！"

小咪和大咪大学毕业后才来到这座城市，因为大咪想在这儿发展，觉得这里工作和发展的机会比在家乡要多，而小咪则是为了爱情随大咪一起

来到了这里。一直以来，小咪都觉得，在这儿人生地不熟的，有种孤苦伶仃的感觉，因为有了大咪，才觉得安心。

现在有了小小咪，那种紧张和陌生的感觉又出现了。她担心在这个陌生的城市孕育培养小小咪会出现诸多困难，而且她担心能不能在这里安家落户，给小小咪一个稳定的家。她担心在这里没有相熟的医生，小小咪不能安稳落地。父母的养育经验和这边的风俗习惯有太多不同，她不知道应该听谁的，而且随着生活方式、文化水平的改变，她不知道她小时候的经历是否还照样适合她的孩子。

现在很多像小咪他们这样的年轻父母在教育方式的选择上都很茫然，也有很多人选择了将孩子留在老家由自己的父母带着。确实，每一个家庭都有自己的一套教育方式以及核心价值观，但如果我们在坚守自身教育方式的同时又能融入主流社会，加入新世纪的现代教育观念，这才是成功家庭教育的关键。

但大部分的家长对此都没有足够的认识，或者说他们根本就没有去考虑过这个问题，像小咪这样的妈妈还完全没有意识到自己抚育下一代的责任，更谈不上顺应时代需要及时更新自己的观念了，只觉得将孩子交给了自己的父母便高枕无忧了。其实，21世纪我们应该采用现代的教育理念来培育现代的孩子，才不至于耽误下一代的身心健康成长。

如果祖辈能有现代的教育观念当然好，然而，老人受历史条件和传统观念的限制，具备现代教育观念的可能性微乎其微。他们可能会觉得已经为孩子做了许多事情，而且中间隔了一代，他们只会对孩子加倍宠爱，想尽一切办法对孙子孙女好，但是他们却忽略了最重要的事情：他们的溺爱只会让孩子失去自主的能力；他们为孩子千辛万苦，却没有把力气使在点子上。他们还是在沿用自己那个年代根深蒂固的观念、思想和方法去教育下一代，结果却与预期南辕北辙。

当然，我们没有理由苛求他们过多，责任还在于年轻父母。养育孩子毕竟是父母的权利和责任。我们需要在不断变化的社会中学会选择，需要将好的传统观念灵活变通地运用，从多方面为孩子的身心健康发展考虑。

让我们弄清楚培养孩子的目标

慢慢地，小咪越来越习惯"孕妇"这个称呼，无论和谁谈论起孩子来都眉飞色舞，而且看到小孩子都恨不得去抱过来狠狠亲一口。整天闲着没事的时候小咪就在规划宝宝的未来，大咪觉得自己的耳朵都要起茧子了。

这天小咪又在絮叨，大咪拍拍小咪脑袋："你怎么一天一变啊，原来你说让咱家娃当科学家，又说要当政府官员，没过几天又说让他去干啥啥的，怎么现在又改变想法了，咱们娃娃还没出来就这么累，以后他还有没有喘气的时候啊？那咱孩子活得多累呀！"

大咪说得对，如果家长给孩子的定位是为了让他出人头地的话，那么我们可以明确表态，这种思想是错误的。一旦有了这样的想法，家长在教育孩子的时候就会过分用力。但是，欲速则不达，初为人父人母，就像初进考场一样，千万不要奢求，不要想得 100 分，要有平常心，这样才能发挥出最好水平。孩子绝对不是用来炫耀的，也不是要父母来给他指定做什么事业的，家长如果在这个问题上态度不对，孩子就要跟着遭殃。很多家长都是这样，说是不让孩子输在起跑线上，这其实不对——根本就没人跟你比，哪来什么输赢。孩子是个单独的个体，有自己的思想，有自己的价值观，自己完善自己最重要，不需要跟社会潮流凑热闹。

著名社会学家李银河就曾在她的博客上写过关于对孩子的培养目标的博文："壮壮上三年级了，数学还是 20 多分的水平，我现在无法判断到底是壮壮不正常还是别的孩子不正常。听说美国和加拿大的孩子在三年级之前是没有数学课的，因为数学属于抽象思维，四年级开始学才正常。按照这个标准，也许壮壮得 20 多分是正常的，得 100 分的孩子才是不正常的。"

"我对壮壮的培养目标是两个:一个是要做一个好人,包括要有礼貌,要善良,不能骂人,不能打人,不能做坏事;还有一个是做一个快乐的人,不要生气,不要总是不高兴。按照他的能力,将来能做什么就做点什么。目前他的理想是做一个厨师,更细的专业是做点心。如果这是他的最爱,就让他上烹饪学校。他的语文不错,认字挺多,我也稍稍诱导了他一下:将来也许可以学中文,上课就是看小说,可以看很多的小说,甚至能写小说,像你大爷王小波那样,那样你的精神生活会更愉快。"

如果做父母的都能领悟到孩子不是拿来跟人比的,只需要帮助孩子完善他的能力,让他们有快乐的自我的人生,就可以了。父母要做的,只是多腾出时间来和孩子一起玩耍,和他沟通、交流,让孩子快乐地成长。

所以,我们应该了解到,当一个孩子拥有健康的体魄以及独立健全的人格的时候,那么他的父母就是成功的。一直到孩子可以进入社会成为积极的一分子,父母的培养就大功告成。相信大部分的家长对于前者都没有什么问题,后者就会比较棘手一点。如何让自己的孩子具有健康的心理世界?孩子健康心理的培养包括很多方面,比如观念培养、意志培养、兴趣培养等等。总体而言,这些都是心智素质方面的培养,如果小孩子在这些方面都很健全,那么他们就能去开拓自己的世界,不用你去担心什么了。

其实父母也是普通人

"小咪……小咪……"大咪下班回到家,发现没像往常一样一回到家就听到小咪叽叽喳喳的声音。他到处找了一圈没看到人还觉得有点奇怪。突然"砰砰砰"的声音传来,小咪在外面踹门:"大咪,快开一下门,快点儿,我拎不动了。"大咪赶紧把门打开,就看到小咪抱了好大一堆书站在门外。大咪赶紧接过去,还絮叨着:"这是买的些啥啊?买这么多书干吗?医生不是说了不要搬重物吗?还这么不听话,都是要当妈的人了!"

"哎，没看见我都是买的什么吗？就是因为咱都是要当妈的人了，所以我可不能没一点准备呀。这以前也没当过，不得学学啊，我什么都不懂的，不学，教坏了小孩子怎么办？"

很多80后的女性在初为人母的时候可能都会有这样的顾虑，因为没有生育经验，而且随着时代的发展、社会的进步，现在的教养方式与过去也大不相同。再加上现在正值80后的一个生育高峰期，大多数都是没有经验而又受过高等教育的人，所以可能会比早一辈的人更注重教育质量。但苦于没有经验，对孕育孩子这方面的知识又知之甚少，所以，当他们拥有一个小孩或准备孕育一个小生命的时候，一方面会感到高兴和激动，但同时他们也会感到担忧。

于是，很多像小咪这样的新生代父母在这个时候就会更多地依靠书籍或网络，或者是在同亲朋好友谈论时，留心听取他们的经验。但现在市面上关于育儿方面的书籍品种繁多，很难选择，而且有很多都借助了专家的头衔来助势，但是却观点矛盾，同一件事情可能有的书会强调应该这样，有的却认为应该那样。比如该不该多抱孩子，有的说孩子哭的时候不要总去抱他，一哭就抱会养成不好的习惯，小孩子以后会以哭为借口来要求父母；但有的书籍也强调小孩子尤其需要爱，父母可以通过多抱孩子来表达对孩子的爱，让孩子对于初来人世感到安心。同时，很多育儿的书籍基本上都是强调孩子的需要，告诉大人应该如何、必须怎样才能更好地开发孩子的潜能，导致了很多父母在阅读的过程中感到身心疲惫。他们发现孩子需要爱、需要理解、需要沟通、需要平等、需要自己的权利等等，但每本书讲的都不一样，这么多的要求，不一样的处理方式，会让年轻父母觉得畏惧、觉得麻烦、觉得无从选择，从而会丧失做父母的信心。

其实，父母也是普通人，不需要把生儿育女看得如此严重，不需要对自己要求过高，以平常心来对待就好。既不需把书本的话当做圣旨，也不必把其他任何一个过来人的话当做真理，因为每一个小孩子的体质个性都是不一样的，我们不可能统一对待，没有必要总想着把孩子培养成天才。当然，也不需要在孩子面前做圣人，是人都会有犯错的时候，也会有不懂

的知识。

　　所以，后来大咪跟小咪说："小咪，你不用担心，俗话说得好，儿孙自有儿孙福，很多事情我们并不能给他们完全打算好，任何事情还是顺其自然的好，你也不必太苛求自己。小孩子都皮实得很，不用那么娇惯，并不一定要把所有的精力都花在他们身上的。"

　　是啊，大咪其实说得也很有道理，父母养育孩子是因为爱，所以他们愿意放弃自己原有的爱好和乐趣，也愿意放弃自己的朋友圈子。看着自己的孩子长大成人，是做父母的毕生心愿。生儿育女是一项漫长而艰辛的工作，它不像我们平常做事，付出了就会有回报。它的回报不能立即显现，并且有时候还会事与愿违，得不到应有的认可。我们应该深刻认识到：父母也是普通人，都会有脆弱的一面，我们应该以平常心对待，凡事不必强求。

孩子的天性与我们的养育

　　"大咪，我发现现在的小孩子还真幸福，我们那时候成天背着个大书包去上学，重都重死了，可现在人家小朋友的书包都是可以拖着走的，像空姐一样，可神气了！"
　　"那是，现在的人多聪明啊，什么都能想的出来。"
　　"不过，大咪，我看他们现在的书包好像比我们那时候的还要重！你说他们怎么这么多书啊，难道现在又增加科目了吗？还有啊，像什么周末啊、节假日啊都不带休息的，跟赶场似的，学完英语学乐器，其实这么一说，小孩子也不容易，你说是吧！我以后就不要求我儿子这么多，我只要他每天都过得开心，快快乐乐地成长就够了！"

可能现在很多父母都不会像小咪一样这么想了，大部分的家长都坚信不能让自家的孩子输在起跑线上。为了孩子长大后能在社会上立足，一定要让他从小就学习各种本领；为了不让自己的孩子在学校给自己丢脸，一定要让他多参加一些补习班，这样考试就能名列前茅，开家长会才有面子；为了让孩子能有机会成名，一定要让他多学些特长，能歌善舞，会各种乐器。于是，针对家长的种种心理，市场上涌现了不少的××艺术学校、××补习班、××特长培训等等，而且越来越多新花样，有的城市还出现了以培养气质为名的骑马培训班、高尔夫球训练班、跆拳道班等。

很多父母，甚至有的教育家都认为，孩子越小开始培养越好，因为小，所以什么都不懂，就像一张白纸，等着你去给他绘制一张美好的蓝图；因为小，才可以如橡皮泥一样任意塑造，父母可以根据自己的意愿来打造孩子；因为小，才可以像扯线木偶一样，任由父母指挥。

这种拔苗助长式的教育表面上看起来是为了孩子好，做父母的都认为孩子在小时候多学点东西没坏处，等他们长大了就知道感谢父母在他小时候对他的栽培了。

但是，大人们在做这些决定的时候是不是应该考虑一下自己孩子的感受？他们是不是愿意，这些决定是不是真的有利无弊？很多大人在做决定的时候都忽略了一点，那就是每一个小孩子的个性都是不同的，我们不可能要求所有的孩子都会这个或会那个，他们有自己的想法，也有自己擅长的本领。可能有的有艺术细胞，有的擅长做小发明，有的擅长讲故事，有的善于模仿，我们应该学会敏锐地观察孩子所擅长的一面，只有这样，才能给予孩子所需要的帮助。

有人曾这么来形容孩子的天性："孩子的天性就像是一只燃烧着的蜡烛。"这个说法真的很贴切，那么微弱的一点点烛光，我们要学会如何去呵护它，因为随便一阵微风都足以使它熄灭；那么微弱的一点点烛光，如果不是在黑暗的前提下，我们根本就发现不了它。究竟，我们应该如何发现并接纳孩子的天性，如何走出埋没孩子天性的误区？

其实，按照小咪的说法，我们应该很容易就发现自己的孩子喜欢做什么。**当他做一件事情觉得快乐的时候，他会大笑；当他做一件事情觉得有**

兴趣的时候，他会全神贯注；当他做一件事情觉得无趣的时候，他一定会抵触，会情绪低落。我们一定要善于观察并发现孩子身上的闪光点，尊重孩子的决定和选择，培养孩子独立自主的个性，让他们有自己的思想、个性和灵魂！如果，你家的"蜡烛"现在已经被风吹灭了，但是我们顺应他们的天性，再提供好的环境和条件，正在冒烟的蜡烛或许能够再一次燃起熊熊火苗；但如果我们不能助上一臂之力，反而在冒烟的烛芯上再浇上一盆水，那就真的没有复燃的可能了，孩子的天赋就这么被永远地埋没了！

做父母要懂得的爱与限度

成长环境带给孩子的影响最大，满足他的基本需要，提供他安全信任有爱的环境，让他有被爱的感觉，孩子就会有安全感，情绪也会比较稳定。做父母的没有不疼爱自己的儿女的，但如何把握这个度，估计很多年轻父母都有点疑惑。轻了，孩子觉得你不爱他，没把他放在心上；重了，容易造成溺爱，形成孩子以自我为中心的个性。这个问题让小咪也很疑惑，觉得有点无所适从。

我们应该如何与孩子建立起一种充满爱与尊重的关系，是不是只要满足了孩子的物质需求就是爱他了？是不是给孩子把一切事情都打点好就是爱他了？除了气质与先天生理的限制，父母过度的宠爱往往是造成孩子适应能力较低的原因。以分房训练来说，在国外，孩子一般从小就开始和父母分房睡，由于中西方的文化差异，在中国，孩子几乎都是和父母一起睡，甚至有时候反而是父母无法放手。孩子不可能永远是家中的孩子，他必须面对社会，往后会有更多需要独立适应的地方。如何适度地放手，并且适时给予正确的指导和管教是身为家长一定要重视的问题。

有时候，孩子很想自己做又做不完美时易产生挫折感，这时候就需要父母多赞美他，其实就算是他只穿好一只袜子也可以赞美他，帮

助他制造更多的成功机会。也要允许孩子犯错，告诉他们做错没有关系，可以重来。爸爸妈妈要知道宝宝能力到哪里，要鼓励他多尝试，就算没有成功也给予他尝试和努力的肯定。有自信心和自我肯定的宝宝，挫折容忍度也比较高。

告诉孩子可以哭，也可以生气，而不是不能有这些情绪，父母应该做的是在他表达这些情绪的时候告诉他，什么是别人可以接受的范围和方式。例如：不能哭太久，对身体不好；而生气的时候可以摔沙包，但不能用打人的方式表达。

平时可以通过做游戏或角色扮演的方式来模拟冲突发生的情况，让孩子练习；而借鉴故事书上的解决方法也是很好的方式，通过这些让孩子学会说"对不起"和"谢谢"。

因为喜怒哀乐的情绪是天生的，那么我们也就没必要强迫宝宝压抑。在要求他"不可以发脾气"之前，可以先为孩子的情绪找到出口，譬如给他一个结实的拥抱平抚他的心情，然后试着理解他的感受："我知道你还想继续玩。"或"你害怕别人来抢，所以才推开他，是吗？"而不要马上就呵斥他："不准哭"、"不准生气"。**做父母的可试着先带开孩子或抱抱安抚孩子，而不用急着处理事情。孩子也会有情绪，可以先让他安静下来；而当孩子有被了解被疼爱的感受时，情绪也会较容易被安抚下来。如果家长和孩子都很着急，亲子之间就容易闹僵。**

等孩子情绪平稳些，父母可试着向他解释："那个小朋友和你一样都很想玩，你愿意跟他轮着玩还是一起玩吗？"或"你只是一直哭、大叫，爸爸妈妈不知道你要什么，用说的好吗？"虽然小孩子年纪小而似懂非懂，但不讲他就永远不懂。

如果是两个孩子的冲突，孩子情绪起伏很快，应了解他的心情和立场，并且用中立的语词来跟他说。例如他拿了别人的东西，但父母不要说抢，可以教他用替代的方式来处理冲突，例如告诉孩子：你可以跟其他小朋友说，等一下借我玩好吗？

作为父母，没必要强迫孩子去做，但也没必要包揽。当孩子有了参与

意识，有了自己尝试的意愿，父母就应该尽力从旁协助，给予孩子自由发挥的机会，让孩子做他力所能及的事情，这对孩子的成长很重要。孩子如果成功了，父母要加以鼓励；如果没有做好，也没必要责备，更不应从此以后就不让孩子做这样的事情，因为任何事情都有一个学习和熟悉的过程。懂得爱的父母会尊重孩子的独立选择，而不是替孩子做事情。

相信你的家庭

"喂，你好吗？小小咪，听见我说话了没？想出来和我玩吗？想就快点出来了，我都迫不及待想见到你了！"大咪又趴那儿和小小咪对话呢。

"看你没个正形的，以后孩子生出来可别像你！"

"像我怎么了，像我更好，我要在我的基础上再打造他，让他更乐观更豁达，我一定会把他培育成一个身心健康的有为青年！"

"哈哈哈，你就吹吧你！就你那水平……"

"我可不是吹，你别看现在很多人都带着孩子去学这学那，那些家里条件好的更是花了大价钱去培养孩子，可是那些孩子快乐吗？这样对小孩子的心理发育是很不健康的，我可不是吃不到葡萄说葡萄酸，我完全相信我们的家庭教育模式一定能教出一个具有无限人格魅力的孩子。"说完，两人互相又打趣一番，相携着散步去了。

其实，在培养孩子的事情上没有唯一的方式，许多不同的方式都有可能是有效的。同样，对于培养孩子也不能说哪种家庭就是特别好的，除了这一类，其他的都教育不出优秀的人来。也就是说并不是只有艺术家家庭才能教出一个艺术家孩子，学者的家庭才能教出一个学者，而农民家庭就只能教出农民了。

大咪说得很对，不管在什么样的家庭中，要做成功的父母，就意味着

要多考虑到孩子的需要，更要自信，最重要的是要相信自己的家庭。一个家庭是一份情感的基础，家庭是每一个孩子最先感受到情感温暖的地方，是幸福的港湾，是爱的温床，他们得到的关爱越多，就会越有利于他们身心的健康成长。在教育孩子这一方面，大家都在相同的起跑线上，不会因为家庭条件的差异而输给别人。

从某种角度来看，每一个家庭都或多或少的遇到过不一样的困难，再好的家庭也不会一帆风顺，遇到困难的时候，大多数的父母都可以凭借他们爱的勇气和不屈服的精神渡过难关。这样的家庭，他们所培养出来的孩子往往也能具备这样的特质，今后无论是在工作上还是生活上，都一定能够游刃有余。因此，无论是个人还是社会，都应该清楚地认识到，孩子要健康全面地发展，父母、家庭和孩子都要接受一定的挑战，也都需要面临问题时所表现出来的巨大的勇气。

当然，如果一个孩子能生活在幸福美满的家庭中，那会更有利于他的身心健康地发展；如果能让孩子生活在父母亲感情和睦的家庭环境中，那么孩子一定能享受到温馨的爱。大家都知道，父母给予孩子的爱是无条件的，是自觉自愿的，是永恒的，是无私的，是不求任何回报的。疼爱孩子是每一个父母的天性，孩子的成长也是每一位家庭成员的关注热点。为孩子创造一个最佳的家庭教育环境，是父亲母亲的共同愿望。

所以，我们不要因为经济条件或其他外在因素而担心自己的家庭不能给孩子最好的环境，不能给孩子最好的成长条件，其实只要一家人每天都生活得开开心心，内心充实而幸福，那么孩子也会感到幸福。

第二部分：新生儿是一个完美的谜

- 准确、细腻地了解新生儿的心情
- 妈妈的拥抱——新生儿最需要的关爱
- "精神胚胎"期的发展影响孩子的一生
- 新生儿的心灵极具吸收力

对婴儿的无知，是父母对生命认知的一个盲点

在小区或是在公园里，经常可以看到身兼妻子、媳妇、女儿、小姑、上班族或家庭妇女等多种身份的女性在一起分享孩子出生后，多了一个"妈妈"的身份和头衔所添加的喜悦与压力。毋庸置疑，新生命的诞生是生、老、病、死等人生大事中，最让人欢喜与盼望的。宝宝在众多关注下被迎接，也因此有许多善意的经验、意见或建议纷纷随着祝贺而来。有的父母传承了过去的经验，有的则因为他人的经验而感到无比巨大的压力，对婴儿的无知，是父母对生命认知的一个盲点。

怀孕时，多数妈妈都会想象自己的小宝宝有白嫩光洁的皮肤、可爱的笑容、大大亮亮的眼睛……坦白说，这些想象可能让你很难跟自己怀中那个脸蛋红红的、皱皱的，睡着像天使、大哭大闹起来却让人想丢掉（事实上当然不可能）的小坏蛋联想在一起。想象的画面常常是静止而无声的，现实的世界却常常随着宝宝的哭声而烦乱，甚至崩溃。

或许时间、拥抱和父母的稳定态度会化解这一切，当小宝宝初到这个光亮、忙碌的大千世界时，你和他都需要一段时间来适应。哭泣可能是宝宝对外沟通的第一个表达方式，宝宝有许多情绪需要表达，他的哭声可能代表肚子饿、觉得太冷、太热、尿布太湿、环境太吵，也可能是告诉你他想被哄哄抱抱等等。有个妈妈戏称，如果宝宝不该哭，难不成他该写纸条告诉你说："亲爱的妈妈，请在尿布还没有湿透前帮我把尿布换掉，顺便把盖在我身上那条又重又厚的毯子掀开，并且请容我提醒您，我的右脚大拇指的指甲剪得太短了，非常不舒服，下次请改善！"

很多时候，宝宝一哭，家人的反应都是："没吃饱吗？肚子饿吗？"其实，肚子饿并不是导致宝宝哭泣的唯一原因。可是我们如何才能知道新生婴儿有没有喝够奶呢？首先，需要确定宝宝的吸吮姿势是不是正确：宝宝张大嘴上下唇外翻，宝宝的头、脖子与身体呈一条直线，宝宝的肚子紧

贴着妈妈的肚子。用心体会，妈妈就可以感觉到宝宝吸吮的力量跟节奏。

　　婴儿不仅由吸吮得到满足感，也由吸吮和母亲的抚触得到慰藉。每个宝宝的先天特征不同，因此并不适合以吸吮和哭泣的频率来判断宝宝是否吃饱，宝宝吃饱与否可以用尿布量的多少来观察：出生前两天的宝宝，在没有添加配方奶或葡萄糖水的情况下，每天应该有 1 ~ 2 片湿的尿布。之后每 24 小时内有 6 ~ 8 片非常湿的布尿布或至少 5 片非常湿的纸尿片。在宝宝出生的头几个星期内，一天需要有 2 ~ 5 次的大便，6 周龄后的宝宝大便次数减少则是正常的情形。这些都是作为父母应该了解的知识。

　　其实，如果你观察或养过小动物，应该不难发现许多雌性动物在生产前会积极为自己的宝宝准备诞生的窝，甚至产后育儿阶段一有陌生人接近就变得敏感异常。它们会把刚出生的孩子藏起来，让它们先避开刺眼的光线，还会一直用它虚弱的身体给幼崽保暖。

　　相比之下我们人类的孩子所受到的待遇都远不及动物的幼崽。按照常理来说，新生儿出生后应该继续维持在妈妈肚子里时的姿势才会让他们更有安全感，然后慢慢地适应他们来到的这个世界。可现实情况却是，**新生儿一出生，就马上就被强行穿上衣服，有的甚至还被一些粗糙的布料裹得紧紧的，使他们柔弱的四肢和敏感的皮肤遭受着痛苦的限制和摩擦**。所以，我们必须详细地了解新生儿的心情，才能更好地去照顾他们，做一对合格的父母！

新生儿最重要的工作

　　十月怀胎，一朝分娩，经过一番艰难的历程后，看到自己可爱宝宝的一刹那是一个令人兴奋的时刻，是全家人都欢欣鼓舞的时刻。

　　小咪熬过了那几个月的孕期，终于等到了小宝贝的降临。生产完的小咪躺在床上，似乎丝毫没觉得刚才经历了一番辛苦的过程，看到

自己的孩子安然出世，所有的母亲都会觉得之前所承受的一切都微不足道。家里诞生了一个小生命，随之而来的是亲朋好友的祝贺与探望，小咪的一堆好姐妹都带着礼物来看望她了。大家给小宝贝带来了很多漂亮的小衣服和小玩具，小咪也兴奋得跟个孩子似的，看着那一堆漂亮可爱的小衣服，就招呼着把小小咪抱过来给她换上，想看看自己宝贝被打扮成一位小公主的样子是多么漂亮。

要知道，分娩的过程不仅对母亲来说是一场生死较量，对于新生儿也是一场艰难的挑战。回过头来想想，胎儿出生后，我们作为父母都是怎么做的呢？大部分人都把精力放在母亲身上，或者是以一种参观者的姿态打量着新生儿，还有的家长就只是想着如何打扮自家的宝贝——当然，谁都希望自己家有一个漂亮可爱的孩子。可是，谁又能想到，新生儿在突然离开母体那个安静温暖的环境时，他们要如何来适应新的环境、新的声音及新的触碰？

再者，胎儿在母体内时，有着一个天然的保护屏障，而一旦离开母体，一切都需要靠他们自己。离开了母亲，他们会觉得紧张、觉得害怕、觉得不安全，所以很多婴儿出生的时候手都是握着拳头的。我们经常可以看到那些大哭大闹的宝宝，被妈妈抱在怀里后，他就会立即安静下来。因为那是一个他熟悉的环境，是他熟悉的怀抱，听着妈妈的心跳，他就会觉得安心。拥抱是妈妈对孩子表达母爱的一个不可替代的方式，也是宝宝来到这个世界后父母应该做的最重要的一件事，拥抱可以让孩子沐浴在母亲的爱河中，慢慢地感受这个世界的美好，获得心智成长的需要。

新生儿诞生后应尽量母婴同室，在母亲身体情况允许的条件下，妈妈可以抱着宝宝，让宝宝感受到妈妈温柔的拥抱和抚摸，这是建立亲子关系的第一步。据有关心理学研究表明，拥抱和触摸有利于孩子心理健康，如果一个人从新生儿开始就能经常得到母亲的拥抱，就不会形成"皮肤饥饿"，他会对自己所得到的爱感到满足，这对日后培养孩子的情绪平衡能力、自信心以及爱心都会有很大的帮助。

但是抱宝宝的时候我们要注意一点，因为新生儿的骨头还是软的，他

的脖子还不能自主地竖着。所以妈妈在抱宝宝的时候一定要注意让他的头有所依靠，轻轻地把他的头靠着你的肘窝，手臂及手托住宝宝的背部和腰部，然后用另一只手掌横穿过胸前，从下面托起宝宝的屁股，一定要使他的腰部和颈部处于一条直线。刚出生的新生儿尽量不要竖抱，最好是能让宝宝把头靠在妈妈的左胸前，这样宝宝听着妈妈的心跳声，闻到妈妈的体味，再加上妈妈那亲切熟悉的呼唤声，就能让宝宝感到彻底的放松和安心，从而安然入睡。

以后，我们都应该记住，在宝宝刚出生的时候，不要只顾着担心孩子饿不饿、冷不冷，既然知道孩子离开了母体那个温暖的环境可能会难以适应外界的温度，我们就更应该牢记孩子出生后最重要的是给他妈妈的怀抱。

新生儿的真正需要

大学的死党刚生完孩子，望着这琳琅满目的商场就是不知道该买点什么东西去看望她和刚出生的小可爱，后来各式各样的玩具都挑了些，拎着大包小包去看望了漂亮的小宝贝。

相信很多还没有当爸爸妈妈或是刚荣升为父母的 80 后都会有这样的苦恼，对小孩子的一无所知让他们对自己的未来很茫然，看着那粉粉嫩嫩的一团想想都会觉得手足无措。很多人看到自己身边的人大都有了自己的孩子，时而会觉得羡慕时而又会觉得厌烦。正因为他们不了解孩子、不知道新生儿需要什么，所以他们才会不知道应该给予孩子什么样的东西才是最好的礼物，也不知道该如何和新生儿沟通。

很多大人都一相情愿地认为，小孩子都喜欢玩，为了让孩子不输在起跑线上，在玩的过程中也要学到知识，于是买了好多开发智力或激发孩子潜能的玩具。他们希望通过这些来满足孩子的需要。然而这些死板、一成

不变的玩具并不能完全吸引孩子，一阵新鲜劲过去后，孩子就会觉得索然无味。新生儿真正的需要被忽视了，无论是什么样的家庭、什么样的父母，都看不到这一点。他们只看到了孩子身体表面的需要，或者以自己的思维度量孩子的需要，自以为是地塞给孩子一些益智玩具。

要知道，当新生儿刚来到这个世界的时候，他们需要的不是那些令人眼花缭乱的玩具，而是一个有利于他们身心健康发展、富有吸引力、充满爱的环境。

正常情况下，新生儿喝完奶后很快又会进入睡眠状态，睡醒之后他又接着吃，吃完了又睡。似乎新生儿除了吃就是睡，再也没有别的什么事情了。有些人刚做父母可能会觉得奇怪，怎么孩子整天都在睡，是不是有什么疾病？**其实新生儿一天睡 20 个小时都是正常的，睡眠是新生儿的生理本能，他们除了醒来吃奶以补充身体所需营养外，其他时间基本上都是在睡眠中度过的。**并且，越小的婴儿睡眠时间越长，这样才有利于他们的身体发育，睡眠的过程中他们同时也在不停地生长，需要我们给他们提供一个良好的睡眠环境。

除了关注孩子的喂养和睡眠方面以外，我们也不能忽视了跟孩子的交流。母亲和新生儿的沟通交流能让孩子感受到来自妈妈的爱，让他觉得来到了这个世界并不孤单，一切都很美好。不要以为刚出生的婴儿只会吃和睡，又不会说话就什么都不懂，无法交流。其实当宝宝在妈妈肚子里五六个月的时候，他的视觉和听力就已经发育成熟。从那个时候开始，他就已经熟悉了妈妈的声音，所以新生儿是能听出妈妈的声音的。在宝宝醒着的时候，给他做一下按摩健康操、逗他玩一会儿，跟孩子多交流一下，或者每天有个固定的时间给宝宝讲故事，你会发现时间长了以后，一到时间不讲他还会提醒你。这个时候你就知道，宝宝是能听懂你的话的。为什么有的小孩子喜欢哭闹，那是因为他感觉到自己没被重视，他的想法总是被大人忽视，父母没有给他真正需要的爱，他想引起家人的注意。

如果我们能在日常生活当中，给予孩子真正需要的东西，即使是新生儿也能与父母平等交流。应该让孩子从一出生就能选择和参与，从而培养他们独立自主的能力，调动新生儿的潜能，让他能够以自己的意愿参与到

周围环境中。随着孩子的长大，你就会发现，他已经成长为一个能自我成长的人，在他喜欢的这个环境中，他能获得最大的满足。

新生儿的神秘本能

"哎，这孩子怎么就知道睡觉啊，醒来就吃，吃了又睡，除了这些，她还会什么呢？也不答理一下我这位母亲！"自从孩子生下来这几天，小咪都不知道唠叨过多少次了。

"没有啊，我看到她经常看着我呢，我觉得她要是会说话的话，肯定会和我打招呼的。我感觉我一走到她身边她就很高兴呢！"大咪很得意。

"你就在那幻想吧！"

大家都知道，一个新生命从孕育到诞生就是一个伟大的自然奇迹，但令人想不到的是，当一个小生命降临到这个世界后，他带给我们的将是无尽的惊喜。

很多家长都认为新生儿只会睡觉、吃奶和哭，这些都是他们与生俱来的本领，实际上新生儿还拥有很多令人意想不到的神秘本能。刚来到这个世界，他们就会看、会听，有嗅觉、味觉，还有灵敏的触觉以及很强的模仿能力。

所有的新生儿都喜欢看图案，但是他们并不喜欢单一的屏幕，反而对人脸这类复杂的图案比较感兴趣。但是新生儿的视力还没有发育得很好，如果想要他们看清楚，应该放在距离他们比较近的地方。而且你能发现小孩子都喜欢色彩鲜艳的东西，如果你拿一个红球逗他玩，他的目光会随着球而移动。

刚出生的宝宝虽说听力不如成人，但也具备了听的能力，当你在他耳边轻轻地用柔和的声音呼唤时，他会扭过头来看你。或者你拿一个会发出

柔和声音的玩具在他耳旁发出声响，正常情况下，新生儿都会露出警觉的表情，然后慢慢把头转向有声音的这个方向。有些正在哭闹的宝宝，听到妈妈的声音时会停止哭闹，如果妈妈的声音停止他又会继续哭闹，这都表明新生儿拥有听的能力。

也许有的人会觉得奇怪，为什么新生儿都只吃自己妈妈的奶，那是因为他们能辨别出自己母亲和其他母亲奶的气味。出生第一天，孩子就能表现出对糖水浓厚的兴趣，如果在喝了糖水后再喂母乳，有的宝宝可能会拒绝吃母乳，因为他们已经尝到了甜头，这就说明他们已经具备了灵敏的嗅觉和味觉。

除了这些，新生儿的运动能力也很强，如果你将新生儿扶着站起来，使他们的足底接触到地面，你会发现他们就能表现出两脚交叉想要走路的样子；如果竖抱着新生儿使他们的足背接触到桌子边缘，他们就会抬起脚表现出要上楼梯的样子。但是一定要非常小心，因为他们的骨头还不够硬，还不能支撑他们自己的身体，所以一般情况下还是尽量让新生儿处于仰卧的姿势比较好。

上面那些都是最基本的、最原始的本能，就像小羊总是很安静，而虎豹类的幼崽则很暴躁，蚂蚁、蜜蜂总是辛勤地劳作一样，这仅仅是它们生存的手段，都有自己与众不同的机体特性。但新生儿那惊人的模仿能力一定会让你大为吃惊。

比如说，当新生儿处于安静觉醒状态时，和宝宝保持 20 厘米左右的距离，让他注视着你的脸，然后吐一下你的舌头，保持一个差不多的频率，二三十秒一次，再重复了几次之后，就能看到小宝宝也在嘴巴里慢慢尝试着移动自己的舌头，过一会儿他也学着将自己的舌头伸出去；如果你对他皱眉，重复几次之后，他也能学会动一下眉头。

新生儿的这些活动都是具有一定意义的，因为这是他在能说话以前用肢体的活动和大人进行交流，这种沟通方式对新生儿的心理和肢体的发育都有很大的好处。

"精神胚胎"的发育

最早提出"精神胚胎"这一概念的是意大利教育学家蒙台梭利，她认为人类有两个"胚胎"期：一个是大家所熟知的胎儿在母体内的生长发育过程，我们称之为"生理胚胎期"；还有一个被称之为"精神胚胎期"，具体表现为从出生到三岁这一生长发育过程。

很多人都不相信新生儿也是一个精神存在物，因为我们从来都不知道胎儿在母体中形成的那一刹那，他们内在的那个"精神胚胎"也随之产生。所以很多父母都会想当然地认为刚生下来的孩子纯洁如一张白纸，什么都不懂什么都不会，可以由家长任意去勾画。但实际上每一个婴儿都是一个"精神胚胎"，他们都有自己的创造本能和潜能，每一个新生儿都拥有与生俱来的创造性和适应性，借助于他们所处的环境，他们就能构造出属于他们自己的精神世界。环境越和谐，孩子的精神世界发展就越健康，就能形成一个独立的自我，借助于和谐的环境越来越强大。

可是还有很多的家长都意识不到这一点，尤其越是文化素质高、成就大的父母对自己的后代寄予的期望值就越大，就越想掌控自己孩子的思想，希望把孩子塑造成一个自己理想中的孩子。

曾经有一位教授，就是这么培养自己的儿子的：在孩子三四岁的时候就已经学会了好几国语言，书法、乐器、计算机无一不精通，15岁就开始攻读博士学位，每一分每一秒都被安排得满满的。后来，孩子成年后在一家快递公司做速递员，因为他不愿意再去思考，他拒绝任何"知识性的东西"，他觉得每天送快件很高兴，以前被迫学的那些"知识"对他来说没有用，他不想成为一个任人摆布的天才。

纪伯伦在《致孩子》中这样写道："你们可给他们以爱，却不可给他们以思想。因为他们有自己的思想。你们可以荫庇他们的身体，却不能荫庇他们的灵魂。因为他们的灵魂，是住在明日的宅中，那是你们在梦中也

不能想见的。你们可以努力去模仿他们，却不能使他们来像你们。因为生命是不倒行的，也不与昨日一同停留。你们是弓，你们的孩子是从弦上发出的生命的箭矢。"

其实新生儿从"精神胚胎"期开始，就是一个独立的、不再依附于母体的单独个体。他有自主性，他的神秘本能就能促使他与环境进行物质、信息和能量的交换。如果我们了解了新生儿成长的科学规律，让他们按"精神胚胎"发育的内在规律自然发展，再给予他们足够的时间，孩子的心智发展就会势不可挡，他也一定会成为可造之才。但是今天，正因为我们还不明白孩子的成长过程不仅仅是一个智力的成长过程，它实际上还是一个心理的成长过程，而心理成长才是最首要的问题，所以这个自然规律总是容易遭到破坏，这样将会影响他整体的发展。

在"精神胚胎"发育期受到环境中的情绪影响，对孩子一生的精神发育特别重要。很多研究现象都表明，婴儿主要是通过与父母的相处、与亲人的交往来建立情绪学习的。这些经验通常以图片的形式储存在婴儿的大脑中，因为新生儿大脑皮层尚未发育成熟，语言还没出现，但是能以图画的形式储存经验。他们对这些经验的印象很深，如果往后遇到相类似的情况他们都会根据这些经验作出反应。相反，如果婴儿所处的环境是消极的、充满敌意的，会对孩子日后的情绪发展造成深刻的影响，他们的精神世界会被成人所占据，然后形成一个充满心理障碍的人。

所以，不要奢望能给孩子灌输什么，我们唯一要做的就是给孩子一个"自由与平等"的环境，让他们在"精神胚胎"期顺其自然地发育成长。

具有吸收力的心灵

刚生下来的新生儿，软软的一团，骨头软软的，皮肤皱皱的，不会说话，唯一会的就是大声哭。不要以为新生儿不会说话，就不能与他们沟通，就不能教他们学习。作为父母应该了解，新生儿具有多么强大的本能，他们那具有吸收力的心灵，能让他们在婴儿期就学会一切的生存本能。

孩子出生后的前三个月里，父母的任务就是让孩子身体的各部分开始平稳地活动起来。四个月以后，我们就会有很多欣喜的发现。

小宝宝们开始认识自己的身体，而且也开始学着控制自己的大小肌肉。他们开始凭着自己独特的方法来探索这个世界，并且开始领会一些事情的前因后果。慢慢地，他们还能看懂大人的情绪，知道自己做什么事情的时候大人是高兴的，做什么事情的时候会引起父母的不满，这些重要的发现将引导着宝宝走向语言的开端。所以，有的孩子在一岁左右的时候就能够说一些单字或单词，有的宝宝在这方面却发育得比较晚。

当新生儿在做动作的时候，你可能会认为他只是在自己玩乐，但实际上真相要比你想象的要更复杂，他们可能是在用自己的方式在学习。你不经意间的一个发现，就能知道孩子的学习能力有多强。

从新生儿期开始，小宝宝的模仿能力就很强，如果你反复对着孩子做个什么动作，那么过了几天之后，你就会发现小宝宝会做出类似的动作。比如说你对着孩子做出吃饭时咂吧嘴的动作，他也会跟着学；如果你对着孩子吐舌头，过了几天之后，你和孩子逗着玩的时候，说不准一高兴的时候，孩子会对着你吐舌头。

每天在孩子面前出现的人脸，他都会有印象。孩子有可能对陌生人产生排斥的现象时，只要听到他所熟悉的人的声音，便会很高兴。拿一个玩具给孩子玩，可能他开始只能看着或抓在手里，并不知道如何去使用，但是一旦你给孩子演示了一遍，他便会拿着那个玩具自己玩起来了。

孩子与父母的互动能让他吸收大人的行为方式，并且实施到自己与其他的小朋友的相处过程中，如果能产生快乐的情绪他便会不断地尝试。同样的，孩子对语言的学习也是如此，是吸收的，而不是像大人一样学习某一门外语要靠记忆和语法。对于小孩子到某一个陌生语言的环境下，不用多久便能学会用同样的语言与别人交流，就说明了孩子对语言的掌握也是一个吸收的过程而不是死记硬背。

所以，孩子的学习能力是非常强的，他们具有非常强大的内心，他们那具有吸收力的心灵就像海绵一样，帮着他绵绵不断地吸收每天看到

的新现象、新动作、新知识，让他们学会如何去面对这个世界。孩子的大脑通过从周围环境中吸收知识来促使自己成长，我们不需要刻意地去教孩子学会什么或告诉孩子应该养成什么样的性格，我们能做的是让孩子的吸收过程不受打扰和阻碍，让孩子通过自身的努力去获得，然后适时地进行正确的引导。

大脑及心智发育的关键期

　　看着小小咪在那睡觉，小咪觉得百无聊赖，思想天马行空地乱走。小小咪出生才两天的时候，小咪还没有母乳，给小小咪冲了奶粉让她用奶瓶喝。可是给小咪用奶瓶喂了半天，小小咪也没吸出一点奶来，就是不会用奶瓶。后来没办法，小咪只好用小勺一点一点地喂。想到这，小咪开始担心起来，这与生俱来的本领都不会，是不是大脑有点发育不良啊？

　　随着生活水平的提高，父母的各项优生措施都做得很好，而且父母都希望自己能生个聪明的宝宝，因此大多数父母在准备怀孕前，就开始为了这个宝宝做准备。相信很多爸爸妈妈都看了很多生育及育儿的书籍，在很多关于儿童成长方面的发现上，或许什么都比不上关于孩子大脑及心智发育的关键期重要。

　　以前，很多科学家提出的观念都认为人类大脑的结构是由遗传模式决定的，孩子的大脑发育取决于父母的遗传基因。其实，实际情况要复杂得多，人的大脑是由大约一百亿个神经细胞也就是神经元组成，而且每个神经细胞都与大约一万个其他细胞相连，每个细胞每秒钟都向相邻的细胞发送一百个信息。由此可知，大脑神经细胞之间的信息交流次数多到无法计算。而这些大脑神经细胞之间的联系并不是由遗传基因决定的，他们在很大程度上是由儿童在生活中的经历所决定的，可见一个孩子的生活环境对

其大脑结构的形成有着巨大的影响。

既然知道了孩子的早期经历会影响到他们的大脑结构的改变，尤其是孩子在几岁之前都处于大脑的发育期，是孩子大脑神经细胞交流信息最迅速的时候。大约到了孩子童年的中期，大脑发育就会停止，并且停止新的信息交流。这个时候，大脑的结构就差不多已经基本形成，虽然这并不意味着孩子的大脑发育已经完全终止，但实践证明，孩子大脑本身的丰富性和复杂性已基本成形。

丰富多彩和乐于参与的生长经历，有利于大脑神经细胞之间的复杂联系。尽管在长期被压迫、打骂、斥责的环境中成长，也能在一定程度上促进大脑神经细胞的信息交流，但是，这并不是我们愿意看到的交流方式。在一个充满紧张气氛和暴力行为的家庭中长大的孩子，似乎没有多少处理感情问题的方法，而且他们自身也很容易被感情困扰，这样的孩子心智发育也比较晚熟。

这些现象在一定程度上就可以给我们解释为什么在充满爱与关怀的家庭中长大的孩子，在学习或生活中各方面都比那些总是挨打、受到责骂、父母关系不和谐的孩子表现得好。就是因为这样，所以很多育儿专家都相信孩子的婴幼儿期的成长经历在他们一生的成长过程中发挥着重要的作用。这也就是说，在孩子的大脑发育及心智成长的关键期，父母的影响及孩子生活的环境都是相当重要的。

你给的，不一定是孩子喜欢的

自从有了小小咪以后，大咪觉得生活的压力越来越大，要养孩子，房子要还贷款，让大咪觉得必须得加倍地努力工作，才能给小小咪一个美好的未来，让小小咪吃的喝的用的都是最好的。小咪看到大咪这么辛苦，也希望自己能分担一点，虽然还没有到公司去上班，但是自己在家里也接了不少的兼职，希望能多挣点钱。两个人都忙于工作，

每天陪小小咪的时间却越来越少。

每天都忙着工作的父母，也许是为了孩子的未来，也许是为了现在的生活，总之，都是为孩子能过上好日子。因为工作，他们每天陪伴孩子的时间几乎为零。因为每天和孩子见面的时间很短，不能好好和孩子进行亲子互动，或许是因为这些，父母心里会觉得很内疚，所以就给孩子买大量的玩具或零食，或给予孩子各种特殊待遇，而毫不考虑孩子自己的愿望，并且任凭孩子做了什么错事都采取包容的态度。

然而，当孩子发现父母对自己在物质方面有求必应的时候，并不会感到满足，反而会变得暴躁、变得贪婪。

由此可见，虽然父母觉得自己已经满足了孩子的所有物质需求了，什么都不需孩子去考虑，也不用孩子做家务，但孩子对父母却没感恩的态度。其实，不管是男孩还是女孩都希望能有多的机会待在父母身边，希望能得到父母的爱，得到父母的赞美，和父母一起看书、写字、做游戏，甚至做家务也是孩子乐意做的事情。可是，很多父母在工作了一天之后，回到家便希望能得到更多的时间休息，如果他们能知道自己对孩子的态度是多么重要，那么作为父母应该是愿意做出适当的改变的。比如说回到家和孩子打个招呼，问一问孩子今天过得愉不愉快，有没有什么好玩的事，还是又有什么新发现，孩子都会很乐意和父母进行这样的交流。每天让孩子面对着一堆冷冰冰的玩具，说话也没人理，就知道叫孩子一边待着自己玩去，或者自己写作业去，父母从来没想到过孩子需要的、喜欢的并不是买给他的玩具或零食，而是一句关心的话，或者每天十分钟的游戏时间。

所以，当父母都忙于工作的时候，应该尽量把每天的时间都安排好，尽量与孩子待在一起，就算每次都只有一位家长与孩子待在一起，孩子都会觉得非常满足，那么另一位就可以去忙一下家务事。此后父母尽量协调好家务事与亲子互动时间，当不忙的时候最好是能全家一起活动。

一个不断"再生"的过程

当宝宝在妈妈肚子里的时候，他们通过和妈妈连接的脐带来呼吸、吸收营养以供自己的身体成长需要；在妈妈的肚子里，就像在一个温暖的暖箱，没有严冬也没有酷暑，就像是待在一个四季如春的地方；在妈妈的肚子里，他们不用担心会受到外界的伤害，他们不用去理会社会上的一些复杂的感情，他们在妈妈的肚子里也能自娱自乐；在妈妈的肚子里，每天还能和妈妈说话，不管妈妈走到哪都会带着他。

自从宝宝出生来到这个世上，他们就得学会自己呼吸，自己喝水吞咽，自己感受着外界的温度变化，体验冷热空气，自己学会与他人相处，每一天每一刻都是宝宝再生的过程。每学会一个新本事，宝宝便像重获了新生一样。

出生的第一天，他们不再是待在水里，而得穿上衣服，感受着布料裹在自己身上的感觉，所以小宝宝都是非常愿意洗澡的，那感觉就和在妈妈肚子里的感觉一样。他们得学会自己吃奶，会吮吸会吞咽，这些动作倒是在妈妈肚子里就已经会了，但是现在使用的工具不一样，所以还是得靠自己去适应。婴幼儿的成长阶段就是他们一个不断"再生"的过程，他们在这个过程中，破茧而出。

小小咪出生后，费了好几天时间才学会了用奶瓶吃奶，每一顿都吃得满头大汗，难怪形容别人干活卖力的时候，都会说连吃奶的劲儿都使出来了。小小咪自出生后，一天天长大，每天都能学会一个新的动作和表情，慢慢地靠自己的本事来适应这个世界。

等到他们再长大几个月，可以添加辅食以后，对于宝宝来说又是一个再生的过程，他们的身体及心理都有了极大的变化。他们的胃要来消化除了奶水以外的食物，并且吸收不一样的营养来供自己生长发育的需要。他们慢慢学会了看大人的脸色，明白自己做什么是对的做什么是错的，这对

于宝宝来说，是跨过了一个成长的转折点。

再长大一点，动作、语言、认知能力等方面更会跨进一大步，孩子整个成长过程中的每一天都会是充满惊喜的一天。当孩子能走、能跳、能说会道的时候，和刚出生的婴儿相比，简直是脱胎换骨了一样，对于孩子来说，和那时候相比就像是获得了重生，已经成长为一个能与社会共同进步的人。

除了生理上的这些发育成长过程以外，孩子的心理发育也是一个再生的过程。来到这个世界，他们要学会如何与朋友相处，与父母相处，与师长相处。并不是每一个孩子刚出生就懂得与他人交流，他们也是在父母的耳濡目染下学会那些有用的交际方式；并不是每一个孩子的成长之路都会一帆风顺，他们总会遇到挫折、受到打击，他们得学会如何走过这些艰难的路；并不是每一个孩子都能游刃有余地去处理每一件影响他们情绪的事情，这些都是孩子在成长过程中需要自己慢慢体会，不断学习而领悟的。

所以孩子们的一生都是在学习中渡过的，每学会一项本领、学会一门技巧、学会如何让自己生活得更快乐，都可以说是孩子的一个重生，他们的成长过程就是一个不断"再生"的过程。

第三部分：不可不知的那些敏感期

- 感官敏感期
- 语言敏感期
- 动作敏感期
- 细节敏感期

认识儿童的敏感期

很少有父母知道，为什么婴儿在喝了糖水之后会拒绝再喝白开水？为什么婴儿总喜欢把手放到嘴巴里吮吸？为什么喜欢撕纸？为什么喜欢把东西不断地扔到地上……

这一切的发生，都不约而同地给我们揭示了儿童生命过程中的一个神秘时期——敏感期。

敏感期是指特定能力和行为发展的最佳时期，在这一时期，个体对形成这些能力和行为的环境影响特别敏感。小婴儿自呱呱坠地起，便借由他们身体各种感觉器官去获取外界的讯息，经由不断地探索和触摸活动，从而使其神经、骨骼和肌肉得以正常发育，并经由各项的感觉产生知觉，再由各项知觉组合形成对事物初步的概念。有一个幼儿教育专家团队经由他们十年的实践经验发现，在敏感期能得到充分发展的孩子，他们头脑清晰、思维开阔、安全感强，并且能更深层次地理解事物的本质与特点。

曾经有这样一个故事，因为父母的工作性质导致了他们总要搬家，一换就是一个新的城市。所以两岁的女儿果果也是从小跟着爸爸妈妈四处奔波，原来一直都请了保姆照顾，这次正好到了上幼儿园的年纪，妈妈就给果果找了一家幼儿园送去上学了。有一天，妈妈发现女儿从幼儿园回来之后总是闷闷不乐，但妈妈觉得是小事情，可能是刚开始上学，第一次接触那么多人有点不适应，多去几天就没事了，小孩子多磨炼一下没错。但是慢慢地，果果越来越不愿意说话，也不爱笑了，即使回家对着妈妈也不开心，有时候大人随便说一两句便眼泪汪汪的。

有的孩子可能相比之下会比其他孩子要敏感一些，这样比较容易受伤害。或许我们都有一个根深蒂固的观念，认为孩子要多加锻炼、经得住挫折，这样才能培养出一个独立、坚强、有出息的人。有的家长还会刻意对孩子严厉，跟孩子说话时故意用很严肃的口气或者经常贬低孩子，认为用激将法才能激发出孩子的潜能。父母故意让孩子吃苦、伤害孩子，当这些方法并没有达到他们想要的效果时，甚至会变本加厉，却早已忘了自己的初衷，当一个方法并不奏效的时候，也不曾想过去改变一种方式。

正是因为这个似是而非的观念，导致一些孩子出现严重的心理问题，甚至自闭。很多父母不知道这个观念给孩子带来了多少的伤害，没有一个父母不爱自己的孩子，但当孩子出现问题后，他们却不曾想过如何去解决，反而是变本加厉地责骂或奚落。父母对孩子失去了信心，同样孩子对父母也失去了信心，这对于孩子的成长是非常不利的。

其实，处于敏感期的孩子内心是充满了喜悦的，他们对自己热衷的某一项技能和认知充满了好奇，不顾一切地想去弄个明白。孩子在他们的成长过程中都会经历对细小东西的敏感、对走路的敏感、对秩序的敏感、对语言的敏感、对感官学习的敏感、对社交生活的敏感、对学习良好行为的敏感、对写字的敏感、对阅读的敏感等等时期。每一个时期都会表现出不同的行为方式，果果就正好处在对社交生活的敏感时期，但是她的妈妈并没有注意到这一点，没有很好地处理孩子在敏感期遇到的一些问题，导致了孩子的社交能力从此以后都没有多大的提高，甚至还会丧失与人相处的能力。

作为父母，在孩子的敏感期需要一定的耐心，不要认为孩子总是在无故地发脾气。每一个孩子敏感期的表现也会有所不同，我们要"对症下药"。在敏感期得到父母的适当帮助，和生活环境能够互动的孩子，他们的成长过程是愉快而幸福的，他们的成长成果也是父母不可预料的！我们应该知道孩子的成长过程有一个敏感期，给予他们在这个时期的成长需要，给孩子每一个成长阶段提供最适宜的成长环境，协助孩子快乐成长，是我们每一个做父母的必修之课。

秩序敏感期（0～4岁）

　　小咪发现女儿最近有些不一样了，回家换鞋的时候她总喜欢自己把鞋放一个固定的地方，爸爸妈妈也不能乱放，有时候父母随手放了，小小咪也会给换过来；如果爸爸用了妈妈的杯子，她会说这是我妈妈的；家里来了客人，小小咪都要自己给客人倒水；小小咪喜欢把积木按顺序整整齐齐摆成一长条；小小咪一定要先刷牙了再洗脸，有时候妈妈想给她先把脸洗了也不行；她有她专用的凳子，别人是不能坐的。

　　有一次，她要自己下楼，但是爸爸赶时间就直接把她抱下去了，她哭着吵着非要自己下，然后又自己跑回楼上，再高高兴兴地自己下楼。

　　原来，小小咪这是到了秩序敏感期，不管做什么事情，她都会依据她自身内在的秩序来完成，如果父母擅自做主了，她会吵闹会发脾气，并且哭着把事情再做一遍。因为秩序的破坏也会破坏孩子的安全感，秩序的混乱、情绪的混乱、心理的混乱，导致孩子把所有的精力都花在对无秩序环境的对抗上。在一个混乱的环境中，没有规则也没有秩序，为了适应这样的社会，孩子就容易产生一些不好的品质，比如卑微、讨好、投机、钻营、权力欲、暴力等等。

　　小小咪现在正处在秩序的敏感期，在这个时期一些固定的程序和秩序能给孩子一定的安全感，一旦这个秩序被打乱，会给孩子带来极大的不适。而且，他们在建立自己内在秩序的同时，对外在的秩序也有了秩序敏感期的要求，所以他们有时候会乱发脾气、任性。当我们了解了儿童的秩序敏感期后，就会更容易了解儿童，也更容易和儿童沟通交流。

　　在长期相处的过程中，我们可以发现每个孩子在一个群体中生活的时候，他们都知道自己的位置，比如坐的位置，书包放置的位置，

挂衣服的位置；知道自己该干什么，并且专注于自己的发展。如果大家都遵守了自己内在的秩序，并且一直执行这种秩序，那我们的生活就有了目标。

一直遵守秩序也会养成孩子遵守诚信的习惯。一个孩子在有秩序的环境中长大，会让他形成独立意识、程序意识……在孩子慢慢成长的过程中，他会成为一个有秩序的人，遵守社会秩序并创造秩序。这样，大家都有了安全感，都会选择相信他，这种感觉会让他成长为一个诚信的人。

孩子从出生到 4 岁是他秩序感形成的敏感期，当你发现孩子有点任性的时候，不要不分青红皂白地指责，而要分析一下自己是不是破坏了孩子的内在秩序了，因为秩序是我们生活中不可或缺的，也是影响一个人形成良好习惯的开端。孩子从小养成良好的秩序感后，便会体现在孩子的整个成长过程中，他们的玩具、书包自己会收拾整齐，他们不会乱扔东西或忘记老师家长的交代，他们会自己合理地安排学习和玩的时间。在他们的人生路上，他们懂得孰轻孰重，会抓重点，这种能力会成为他们成功的重要品质。

儿童的敏感期是儿童某项特定能力和行为发展的最佳时期，这个时期给孩子适当的教育，提供一个良好的环境，对于孩子的个性发展会起到事半功倍的效果。在这里又要提一下著名的早教专家蒙台梭利，她说："生命之援助，这就是教育。"作为父母，如果能了解并掌握孩子各种敏感期的特征，便可以减少教育过程中的摩擦与不快，和孩子一同享受他们成长过程中的快乐！

感官敏感期（0 ~ 5 岁）

从出生起，婴儿就会运用视觉、听觉、味觉、嗅觉、触觉等感觉来认识和熟悉环境，外界的信息通过感官输入宝宝的大脑，促进其神经元突起与别的神经元联系，从而产生突触并使髓鞘形成，最终完成神经回路网络，

让宝宝做出条件反射。正因为婴幼儿借由感觉器官来进行学习，因此教育幼儿的第一步，首先就必须先了解何为"感觉"，以及孩子的感官敏感期有何特征。

"感觉"主要可分为五种：视觉，借由视觉器官接收光线刺激，进而产生视觉，且能辨明各种物体形象；听觉，听觉器官是借着声波来感觉声音，没有声波，便不能感觉声音；嗅觉，嗅觉感官是借着空气中有气味的物质颗粒来感受与体会刺激；味觉，是指食物在人的口腔内对味觉器官化学感受系统的刺激并产生的一种感觉。从味觉的生理角度分类，只有四种基本味觉：酸、甜、苦、咸，它们是食物直接刺激味蕾产生的；触觉是指分布于全身皮肤上的神经细胞接受来自外界的温度、湿度、疼痛、压力、振动等方面的感觉。

有一次，小小咪坐在垫子上玩，突然站起来不愿意坐在那了，指着垫子跟妈妈说那上面有东西，屁股疼。妈妈摸了一下，没什么东西啊，以为孩子故意捣蛋呢。她又把小小咪抱了往垫子上放着，小小咪不停地挣扎哭闹，爸爸过来看了一下，发现垫子上磨起球了，原来小小咪皮肤太嫩，被那些小绒球磨得不舒服了。

蒙台梭利博士说过这样一句话："人类的打闹无一不是首先来自于感官。"从出生到5岁这个阶段就是儿童的感官敏感期。在这个时间段内，儿童都特别注意周围的环境，对自己喜欢的东西表现出特有的兴趣。一旦父母能利用这个时期，顺势诱导宝宝做各种活动、玩各种游戏，来帮助宝宝建立和完善感官的功能，就能使他们感觉更敏锐、更精准。如果没有掌握好时间，过了这个时期，儿童的感觉就不容易达到这样的效果了。因为感觉是最基础的智力活动，不仅是新生儿，我们都是通过感觉首先与外界联系起来的，所以智力的培养首先要靠感觉，尤其把握好孩子的感觉敏感期。

当然，在对孩子进行感官教育时，要注意遵循三个原则：**首先是循序渐进的原则，要从易到难。**比如教孩子认图形，可以先给看几个简单的形

状，正方形、三角形之类，不要一开始就给孩子看一个很复杂的图案，而应慢慢地增加图形的复杂度。**其次是因人施教的原则。**不能用一个标准来衡量所有的孩子，每个孩子都有不同的个体差异，我们要因材施教，比如有的孩子会爬，但有的孩子就是学不会，我们就没必要放大孩子的这一表现，觉得孩子有什么问题，只要做适当的引导让孩子产生兴趣，通过反复训练使孩子达到相应的感觉能力就行。**最后是要尊重孩子的选择。**不要以自己的想法去衡量孩子的思维，多让孩子自己去感觉、去发现。

最后，我们应该了解，感官敏感期是孩子感官最敏感也是其感官发展速度最快的时期，随着孩子的成长，很多精细感觉和动作会慢慢成为感官知觉，那时候他们会拥有更多的认知，并发现它们之间的关系。所以，在这些感官的敏感期内，我们应该给孩子提供一个良好的环境，使孩子能够得到充分的学习。

语言敏感期（0～6岁）

"语言"在孩子的成长过程中，是大多数父母都非常在意的发展指标之一，经常会听见父母在一起讨论孩子何时开始学习普通话、方言等问题。

现代发达的医学知识就证明了儿童语言的黄金期从出生就已经开始。3个月大的婴儿，脑内的听觉神经已经发育成熟，婴儿可以辨别身边大人发出声音的位置，且听觉的刺激也能让孩子更容易熟悉母语的音位系统。因此，爸爸妈妈如果能给予孩子更加丰富的刺激，那么孩子在语言的表现上会更好。美国芝加哥大学研究发现，如果妈妈和孩子有积极的语言互动，孩子在2岁时所能使用的词汇能力就会远高于较少和妈妈互动的孩子。

小咪怀孕的时候每天都会和小小咪聊一阵子天，就连小咪的死党

萌萌也经常过来看自己的干女儿，而且每次都会和妈妈肚子里的小小咪聊上一阵。当小小咪半岁大的时候，这个小家伙平时都不让别人抱她，但每次萌萌阿姨过来，她都会自己挥动着小手，让萌萌阿姨抱她，大家对此都觉得很惊奇。

其实这就是因为，小小咪记得阿姨的声音，因为每次她们都一起玩好久，而且相处很愉快，所以小孩子会记得。因为在胎儿六七个月的时候，他们就有了听觉，能听到妈妈肚子外面的声音，所以新生儿能认出妈妈的声音，也能从妈妈的一些回应中，慢慢形成他们特有的沟通模式，从而进入前语言阶段。

蒙台梭利博士认为孩子对词汇的爆发期约在 1 岁半左右，2 岁开始进入学习句子的高峰期，3 岁以后则开始进入追求语言完美的阶段。我们可依据五个技巧来引导孩子学习语言。

首先，要把握每一个亲子互动的机会。从宝宝出生后，与父母每一次的互动都是学习语言的最佳时机。（例如：换尿布时，可以说："妈妈现在要帮你换尿布了，先脱裤子，再抬起小屁股。""尿布包好了，我们现在要把裤子穿起来。"）随着年龄增加，便可增加"左脚"、"右脚"等方位概念。

其次，是跟宝宝交流的时候尽量使用清楚完整的句子。我们常常听见妈妈对孩子说："来！吃饭饭啰。"其实 1 岁以上的孩子，对语言的理解能力已经进步很多，如果妈妈能改用"现在是吃午饭的时间，我们先去洗手，再来吃饭"，这样可以使孩子学习完整的说话技巧并建立事件顺序的概念。

再次，当孩子语言使用错误时，不要提醒他的错误。孩子也是有"自尊心"的，比如孩子在众人面前有一点小失误的时候，有的孩子会害羞地躲起来，有的则会号啕大哭。因此，当孩子说话出现前后颠倒、用词错误时，父母应该在不刻意的情形下重复一次正确的说法即可，几次之后，孩子自然能掌握正确的用词或语法。

第四，多利用绘本、图卡、音乐、玩具等多元刺激语言发展。现在市面的教材、玩具多种多样，家长可以依照孩子的年龄及兴趣选择，并在与孩子游戏的过程中，多使用"开放式"的问句。（例如："你最喜欢哪一个小动物呢？为什么？""这张卡片上面有什么呢？"）鼓励孩子自由表达自己的想法，当孩子还不能说完整的句子时，父母可以根据语意，将孩子的想法完整说出来，给予示范。

第五，如果是多语言家庭，可采用 opol 式（one parent，one language）。实验证明，如果家庭中爸爸、妈妈使用不同语言，也希望孩子都能学会，可采用 opol 的方式，也就是妈妈坚持说一种语言，爸爸坚持说另一种语言。刚开始，孩子对较不熟悉的语言在使用上会稍有迟疑或是害羞，但经过一段时间，孩子便可以分辨出两种不同的语言，并能跟特定的人说固定的语言。

动作敏感期（0～6岁）

老人家总说刚生下来的孩子就像一团面糊，对外界的所有事情都没反应。其实宝宝从新生儿期开始就进入了动作敏感期，如果你将手指伸到宝宝的手心，他会立刻握住不放；妈妈哺乳的时候尤其明显，你将乳头靠在他脸边，他会立即自己去寻找食物的源头，这些都是宝宝在动作敏感期的表现。孩子的整个动作敏感期会从 0 岁一直持续到 6 岁，在这期间你会发现孩子热衷的游戏是不断变化的，或许今天他喜欢爬楼梯，过段时间他可能会喜欢扔球，孩子总是喜欢各种各样不同的游戏。如果我们能好好把握这个阶段，和孩子一起玩这些他感兴趣的游戏，就能更好地促进他的肢体发育，也能促进孩子的大脑发育。

从 0 岁到 3 岁是孩子大肌肉动作的敏感期，大家都知道宝宝 1～2 岁期间就是学走的时期，因为 1～2 岁是宝宝行走的敏感期。到了 2 岁，儿童基本上都已学会走路，是最活泼好动的时期，他们很喜欢跑、喜欢走那些有阶梯的地方，喜欢走一些大人觉得稀奇古怪的路。在这个时期，父母

应该充分让孩子运动，在安全的情况下不要呵斥孩子，帮助孩子肢体动作协调，使其肢体动作熟练。

作为父母，应该帮助宝宝和宝宝一起度过他们的动作敏感期。**像有的孩子喜欢捉迷藏，躲到门后、钻到柜子里、躲在阳台上，他们不是在捣乱，这正是他们在探索空间的一个方法。**在这个过程中，不仅可以提高孩子动作的协调能力，还会提高孩子对空间的感知能力，获得各种方位的概念。

有的妈妈可能不太理解孩子那种探索空间的行为，因为他们总喜欢钻到各种角落，或者是一些比较脏乱的地方，有时候也会因为孩子经常"消失"而非常恼怒。父母会觉得孩子不省心，总是让大人担心。当然，有时候在不明就里的情况下，突然发现孩子不见了，家长肯定会十分着急。但也不要过多的责怪孩子，他们并不是有心想让父母着急，只是想和父母玩一下游戏。在了解了孩子的一些小伎俩之后，当再次发现孩子藏起来的时候，不妨假装寻找一下，或者大声说："宝宝，你在哪呢？怎么找不到了呢？宝宝！"那么小孩子一定会很高兴。在孩子看来捉迷藏是一个十分有趣的游戏，但玩多了有的妈妈可能会觉得厌烦，总是重复地找来找去。尽管如此，当孩子喜欢捉迷藏的时候，妈妈要是能和孩子好好配合，孩子一定会感到很开心。

除了大肌肉动作的训练，也要重视精细动作的训练，这对开发儿童的反应能力和应变能力很有帮助。

比如我们想锻炼宝宝手指的精细动作，让他们能抓起细小的东西，可以让他们先尝试着从吃的东西开始。给他们一些小点心、小馒头之类的，看他们能不能自己拿着吃。结果有的小宝宝就抓起来又丢掉，然后再去抓再丢掉，很多妈妈都会以为小宝宝抓不住，拿到手里都掉了，担心宝宝吃不到会着急。其实小宝宝一点都不急，他们就是喜欢玩这个游戏，热衷于这个抓起来丢掉再去抓的过程，所以妈妈不用自作主张喂小宝宝，让他们自己玩一会儿。当他们真正想吃的时候，他就会自己拿起来吃的。

所以，妈妈要尽量理解孩子，和处于动作敏感期的孩子多玩一些运动型游戏，满足孩子的探索欲望，让孩子快乐地渡过每一个敏感期。

细节敏感期（1.5～4岁）

"你们快来呀，这里有好多蚂蚁呢！快来看，排了好长的队，那里还有一个蚂蚁窝！"小小咪在那边大声喊着，招呼着一群小伙伴都过去看。一群小孩子听到说有好多蚂蚁，都争先恐后往那跑，围着那几个蚂蚁窝，兴致勃勃地观看蚂蚁搬家。

从某一天开始，小孩子变得对一些细小的事物特别感兴趣，像观察蚂蚁、小虫子等，或者掉在地上的一个小扣子、一块小纸片，也会捡起来看一下玩一会儿。这就是儿童到了细节敏感期的表现，一般一岁半以后的孩子都逐步进入这个时期，他们对身边细小的、会动的东西都会觉得好奇，体现出对细节的敏感，越是细小的东西越能吸引他们的注意力，越能产生强烈的兴趣与关心。在这个过程中，儿童的各种性格品性也将慢慢养成，细节敏感期正是培养孩子见微知著、拥有敏锐洞察力的大好时机。

细节敏感期是幼儿在1.5～4岁的时候表现出的对细小事物的敏感，他们都喜欢玩小玩意儿或注意力都只集中在细小事物上。

这个时期的儿童有他们自己的欣赏眼光，喜欢他们自己认为有意思、感兴趣的东西，和大人具有不同的视野范围。我们也不需要过多地干涉孩子，因为在这个阶段正是儿童运用细节敏感功能去感受大自然、探索自然奥妙的时期。你会发现，当和孩子一起出门的时候，他看到任何小东西都会去研究一下，看到地上有个什么小洞，或是流下来一条水迹，连掉下来一片小树叶都非常感兴趣，妈妈们完全没有必要因为这些而责备孩子耽误了时间。

在日常生活中，当孩子对某一件东西，特别是细小事物感兴趣时，我们不要去打扰他，这样有利于孩子集中注意力。只要他们所关注的事情是安全的，父母尽可以放心大胆让孩子自己去探索，不要中断他们的行为。

　　还有的时候，父母要耐心观察宝宝的兴趣点，了解宝宝在看什么，在观察什么，父母尽可能地和宝宝一起去观察，顺着宝宝的视线去看、去发现。当父母弯下腰和孩子一起观察的时候，和孩子的距离又进了一步，而且能很自然地教给孩子一些观察方法，这样既满足孩子的好奇心，同时也提高了孩子的观察能力。

　　当孩子表现出对细节感兴趣的行为时，父母可以适当地对孩子进行表扬，以此来强化孩子的意识和行为。比如孩子在游戏的过程中关注到了某一个细节之处，父母可以对孩子加以表扬，告诉孩子任何一个细小的环节都有可能是影响整个事件的关键之处，培养他们养成做事认真仔细的习惯。

　　但是，在对这个年龄阶段的孩子进行教育期间，应该注意避免看到比较大型的事物，也尽量少到大的商场去。比如很多家长都喜欢带着孩子去动物园，教孩子认识一些动物，但最好不要去看老虎、狮子、大象这一类动物，因为它们个头比较大，不太适合细节敏感期的孩子，他们对这一类的动物也不会很感兴趣，去看猴子他们反而会比较高兴。也不要经常带孩子去大型商场，看着那些高高的商品架和购物车那些大大的轮子，还有身边走来走去的大脚，会让孩子产生一种恐惧感、不安感。想要孩子认识那些动物和物品，可以给他们先看一些小的图片，通过图片来了解外界事物。

　　在这个细节敏感期内，孩子的注意力通常只集中在很小的细节上，他们对细微的事物很感兴趣，对庞然大物反而有点害怕，我们要让孩子顺着他们的成长规律来发展。

社会规范敏感期（2.5 ~ 6岁）

　　孩子到了两岁半以后就不再像以前那样，注重以自我为中心，他开始关注他周围的一些人和事，变得喜爱结交朋友、喜欢去人多的地方凑热闹。这个时候就到了儿童的社会规范敏感期，他们喜欢和一群小朋友玩，就算是不认识的小孩，他们都能很快就融入进去，成为其中的一员。当孩子有

了这样的表现时，父母就更应该多带孩子外出，给他提供更多与其他人交流的机会，同时也教会他一些社会交往的简单礼仪与行为规范。

> 小小咪在慢慢地长大，在她成长的过程中，小咪感受到了女儿一天一天、点点滴滴的变化。每天小咪都会带着女儿到小区里散步，渐渐地，小咪发现小小咪已经不再满足于只和妈妈在一起，听妈妈讲故事了。看到人多的地方，她都会跑过去扎堆。某一天，看到一群小朋友在那里跳皮筋，小小咪屁颠屁颠地跑过去，很有兴趣地看着，好像也想参与进去。有个周末，小咪带着小小咪去参加同事的婚礼，在饭店里小小咪异常兴奋，不管认不认识，只要看到小朋友，她都跑过去拉别人一起玩。

刚进入社会规范敏感期的孩子，都像小小咪这样，与外人交流的愿望及主动性都会有所增加。孩子变得有礼貌了，在外见到生人也喜欢打个招呼，比如叫声爷爷奶奶或叔叔阿姨。孩子变得善于与人打交道，有时候言谈举止像个小大人似的。经过一段时期后，处于于社会规范敏感期的孩子会将自己看到的一些社会规范作为自己的行为准则，不仅要求自己遵守这样的规则，同样也会以这一套标准去约束别人。

这个时期他们对一些社会规范的东西表现出强烈的兴趣，再加上处于这个年龄的孩子也热衷于模仿，不管看到别人有什么样的行为，不分对错，只要他觉得有趣好玩，他都愿意跟着学。所以我们在带孩子外出的时候，要给孩子树立一个好的榜样，与邻居、朋友都多一些交流，而且讲话要客气，遇到长辈要有礼貌，这样孩子也会学得懂事有礼貌。

利用孩子这些社会规范敏感期的特点，我们可以有意识地教孩子一些简单社会规范和行为规范，以此来提高孩子的社交能力。这样可以防止宝宝将来变成一个自大、自负又无所事事的孩子。比如说，我们可以让孩子做一些他们力所能及的事情，像自己吃饭、自己背书包上幼儿园，告诉孩子在公交车上给老人和孕妇让座，不要随地乱扔垃圾等。

虽然孩子进入到社会规范敏感期，会逐渐改掉原来以自我为中心的心

理模式，但这是一个循序渐进的过程。有时候孩子也会觉得矛盾，喜欢让小朋友到家里来玩，但是看到别的小朋友玩自己的玩具时，又会一把给抢过来，以此强调自己的所有权。这个时候，我们就要教孩子一些正确处理人际交往矛盾的方法。

最后，我们一定要注意的是，要适当地给孩子一些约束，尤其是一些原则性的问题，我们不能大事化小、小事化了，一定要坚定地执行。当然，也不需要夸张生事，要在一个平静的情况下处理。如果因为孩子的某个不正当行为而大动肝火，那么就会给孩子带来负面影响，不仅不能帮助他们建立明确的生活规范，反而会强化某些不符合社会规范的行为。当孩子发现父母态度很明朗，同时又很平和的时候，他们就会明白自己的行为确实是不对的，自然会接受父母的说法，从而建立一套明确的生活规范。

书写敏感期（3.5～4.5岁）

当孩子到了三岁半的时候，也许某一天，你会发现小家伙正拿着你随手丢在家里的笔开始到处写写画画。从背后看，还真像一个认真学习的好学生。当宝宝表现出对纸笔非常感兴趣的时候，就说明他已经到了书写敏感期。

一般情况下，书写敏感期出现在宝宝三岁半到四岁半之间，不过不一定每个小孩表现得都一样。因为存在着个体差异，有的孩子书写敏感期会出现得早一些或者晚一些，有的却并没有很明显的表现。只要是进入了书写敏感期的孩子，我们就会发现他们很喜欢写写画画，不管是纸上还是墙上，不一定会写成形的字，来来回回都是一些不规则的长线或者是圆圈，但是他们仍然能把那些线团想象成现实中的物体。

小咪家也有很多这样的杰作，小小咪还经常考妈妈，随手画了好长一条弯弯曲曲的线在纸上，问小咪："妈妈，你猜这是什么？"每到这个时候，小咪就很头疼，实在是佩服小孩子的想象力。小咪突然

看到自己的围巾就说是围巾，小小咪哈哈大笑："错了，是火车。"

然后小小咪又画了一条弯弯曲曲的线问妈妈是什么，小咪还暗自高兴，以为小孩子就喜欢玩这种重复的游戏，想也没想就说是火车，小小咪又哈哈大笑："妈妈，你真笨啊，这是围巾！"

在这个阶段，我们如果能给孩子创造一个书写的环境，或者提前做好准备，那么孩子的书写敏感期就有可能会提前出现或者表现得更强烈。很多家庭在宝宝1岁的时候都会让孩子玩一个抓周的游戏，拿了一堆玩具、零食、钱或者纸笔等放在宝宝面前，看他们会去选择什么。有的孩子就高兴地拿了笔在纸上戳戳点点，如果能在纸上画出点什么他就会非常高兴，然后继续这个动作。慢慢地到了三岁半左右，他的书写敏感期就会表现得更加明显。

当孩子出现书写敏感期的征兆时，父母对待孩子这个行为的态度是非常重要的。要尽量为孩子提供一个有利于他书写的环境以及丰富的材料，并给予适当的引导，让他的书写敏感期能持续较长的时间。因为在书写敏感期的初期，孩子只是凭着兴趣喜欢拿笔在纸上写画，也许他们还不能掌握正确的姿势，拿笔也不太稳，这主要是因为孩子手指肌肉的发育还没成熟，他们还不能完全熟练握笔；在学写字的时候，他们可能也不会按照正确的书写顺序，像写数字8，有的可能就是画了两个圆圈叠在一起。有些父母可能会因为孩子握不好笔、书写不规范而着急，不断地去纠正孩子的姿势和书写方式，或者强迫孩子每天练习多少字，这样反而会引起孩子的反感。

一般情况下，儿童集中注意力于一件事物的时间比成年人要少得多，当孩子反复进行书写还不停地受到来自父母责备的时候，他们必然会产生厌恶或者自卑心理。所以，我们一定要注意，在孩子的书写敏感期要给予适当的引导，让他们在书写过程中能体验到不同的快乐，采用丰富的书写材料让孩子能从中体验到不同的刺激，再结合游戏来达到训练的目的。

儿童对字符的理解与掌握，是需要经历一个长期过程的，父母没必要因此而担心，甚至还可以鼓励孩子大胆使用自己创造的标记和符号，激发

孩子学习书写的兴趣，然后帮助孩子去理解那些字符的功能，再慢慢地帮孩子掌握正确的握笔姿势，和孩子一起快乐地渡过书写敏感期。

阅读敏感期（4.5 ~ 5.5 岁）

这几天，每次小小咪去小哥哥家玩了回来，都嚷着要妈妈给她买故事书，说小哥哥都不和她玩，只知道看书。后来听小哥哥的妈妈说，那孩子最近特别喜欢看书，没事的时候就把以前买的一些童谣啊还有幼儿园发的课本什么的拿出来看，还指着书上的字跟着读，尽管有时候是瞎编的。小哥哥经常把所有的书都搬出来，每本都翻一下，摆得整张桌子上面都是他的书。

当孩子对阅读产生兴趣时，他们会积极主动地去看书，从来都不会觉得枯燥无趣。这个小哥哥的表现是到他成长过程中的阅读敏感期了。在这段时间，我们可以给孩子更多的时间看书，不要去打扰他，不要去询问看不看得懂，要让他独自尽情地看书。早期的阅读不仅可以让儿童获得知识，还可以让他们开阔视野，促进他们想象力及表达能力的发展与提高，而且还能使儿童获得情感、社会性等方面的发展。

大家也都知道小孩子做事没有持久性，经常想起一出是一出，自控能力也比较弱。因而在孩子的阅读敏感期开始时就对孩子进行阅读兴趣的培养显得尤为重要，因为是否有阅读兴趣会直接影响阅读效果的好坏。不管做任何事情，有兴趣和没有兴趣做出来的结果必然会出现很大的差异。因此，我们要好好把握这个时期，在孩子的阅读敏感期对孩子进行阅读兴趣的培养。

阅读的兴趣并不是天生就有的，而是在一定的客观环境下，通过实践形成和发展起来的。同样，孩子阅读兴趣的发展与我们正确的引导和培养是分不开的。如果我们能抓住儿童阅读敏感期的特点，利用他们在这个阶段喜欢阅读的心理，采用多种有效的方式培养和保持孩子的阅读兴趣，那么，以后无论是多么困难的阅读任务，他们都能游刃有余地解决。孩子再也不会把读书视为苦差事，反而能从中体会到一定的乐趣，从而提高阅读效率。

简单点说，儿童在阅读敏感期的阅读兴趣是他们对这个活动的爱好，是对书本内容进行探索和对自身从事这一活动的主动性心理倾向，这种心理倾向外在的表现就是儿童对阅读活动的热爱和积极的阅读态度。

虽然孩子的阅读敏感期来得比较晚，但是我们没有必要等到孩子到了这个时期才让他们接触书本，如果能让孩子在其他几个敏感期内得到充分的学习，一出生就给他们玩书，让他们先对书本产生兴趣，这样对他们的书写和阅读能力的培养也能产生一定的影响。在婴儿阶段的孩子不挑书，家长可以给他们会吱吱叫的玩具书，也可以念唐诗宋词给他们听。只要孩子没有以哭闹来表达强烈的不满，就可以再尝试着给孩子读读家里其他故事书。**针对1岁以下的婴儿，其实只要是颜色鲜艳、好翻好拿的书，他们都会喜欢，这样可以让他们对阅读有一个初步的印象。**

当他们开始进入阅读敏感期，便可以开始培养他们的自主学习能力。但是也不要过多地干涉，应该给孩子足够的空间去成长、去学习。父母不能太执着于自己的想法，不到成熟的阶段，逼迫孩子也是没用的。当孩子听读日趋熟练或产生兴趣后，他们会主动地去选书看书。父母不要在时机未到的时候就开始操心，反而变成了加在孩子身上巨大的无形压力，扼杀了孩子与生俱来的好奇心及学习力。

文化敏感期（6～9岁）

父母只知道小孩子喜欢问为什么，没想到真的会有答不出来的时候。难怪经常见到很多父母在孩子问问题的时候表现得不耐烦，原来他们并不是对孩子不耐烦，而是真的答不出孩子的"为什么"。因为小孩子的问题

总是稀奇古怪，当他们对这个世界还处于无知的时候，他们总是那么迫切地想了解这个世界。

儿童对文化学习的兴趣在 3 岁左右开始萌芽，所以从孩子将要步入 3 岁，父母就得做好准备迎接孩子的十万个为什么了。到了 6~9 岁，儿童探索自然奥秘的欲望会更加强烈，他们渐渐进入到对社会产物的探索和认知。孩子从 4 岁开始，对数字、文字、艺术、科学都会产生极大的兴趣，从这个时候开始，他们不再像 3 岁的孩童那样盲目地询问为什么，并不在意问题的答案。他们会有针对性地提出自己的疑问或自己的想法。因此，蒙台梭利说，这个时期"孩子的心智就像一块肥沃的土地，准备接受大量的文化播种"。这个阶段也正是儿童的文化敏感期。

因为儿童的文化敏感性，他们才会有这种强烈的愿望去接触外面的世界。在这段时间内，孩子们也能很容易学会很多事情，因为他们有用不完的精力和激情。

把握住孩子的文化敏感期，进行适当的教育，给予适当的刺激，才能为孩子将来的发展提供很好的基础。如果想要实现这个目标，必须以孩子与外界的接触和探索为基础，因此我们要为孩子建立一个有利于发挥他文化敏感期优势的环境。在这个时期，父母可以给孩子多提供一些丰富的文化资讯，多带孩子出去见见世面，让孩子尽可能多地了解一些本土文化，然后再慢慢地向世界文化延伸，以此来丰富孩子的人文知识。

因此，在这个敏感期内教育孩子，父母还应该充当几个角色：**一是学习环境的提供者**。因为孩子是在适应环境的过程中成长的，所以父母应该为孩子提供合适并且有准备的环境。**二是充当孩子的榜样**。因为孩子的模仿能力是极强的，不管你做得对还是错，孩子要是觉得有意思，他就会跟着学。所以也有人说孩子是父母的影子，什么样的父母就有什么样的孩子，无论是说话还是做事孩子都会以父母为榜样。不要只是一味地要求孩子，想要孩子做到哪一点，父母一定要自己也能做到。**三是观察者**。父母要多观察孩子的行为，但不要以成人的偏见来衡量孩子。看看孩子都喜欢做什么、玩什么，了解孩子的自由表现，由此推断出孩子的兴趣所在，然后再正确地加以引导。观察孩子的目的主要是为了了解孩子的发展和需要，并不是要去监视孩子，也不要对孩子的表现妄加论断，只需要借此知道应该给孩子提供一个什么样的环境即可。**最后一个也是最重要的一个，即为孩子的支持者和资源提供者**。有些人认为孩子是一个独立的个体，他们能通过吸收环境而自我发展。但是不可忽略的是，父母是孩子发展中的支持者和资源提供者。如果没有父母的支持，可能在遇到困难的时候孩子会难以渡过。孩子的心灵是脆弱的，他们需要父母这个强大的后盾。

由此可知，在孩子的成长教育过程中，父母占有举足轻重的地位，尤其是在孩子的成长敏感期，我们一定要好好把握。

第四部分：儿童的喂养与膳食

- 一岁内的小宝宝要如何喂养
- 母乳喂养，无可替代
- 训练宝宝自己吃饭的关键时刻
- 均衡饮食比营养补充剂更重要

孩子在第一年怎么喂养

现在一些 80 后新手爸妈越来越依赖于通过网络来获取育儿的信息，但网络世界的信息有实有虚，针对一个问题，常常每个人都有自己的见解，让家长越看越觉得一头雾水。一岁内的小宝宝究竟应该如何喂养，如何才能帮他们建立正确的饮食习惯，打好健康的根基？

当父母之后的第一件事，也是最重要的一件事就是计划好如何喂养孩子。当然，母乳是首选的食物也是最好的食物，因为母乳不仅可以给婴儿提供他所需要的所有营养，而且还能带给婴儿来自母体的免疫力。

有的妈妈总担心自己的奶不够宝宝的成长所需，怕孩子缺钙，于是给宝宝买了各种各样的钙补充剂或维生素滴剂；怕给孩子添加了配方奶会上火，于是又给宝宝买了很多益生菌之类的保健品。她们认为这些东西可以帮助宝宝改善肠胃、提高免疫力、增进骨骼发育。实际上，宝宝在四个月以前，都是以母乳或配方奶为主，基本上从中就能够摄取足够的营养供他们的身体发育，不需要额外补充维生素或钙剂。所以，当妈妈担心孩子营养不够的时候，应该先咨询儿科医生，看是否有补充类似钙剂及维生素的需要。

有的宝宝不喜欢吃水果，但妈妈认为水果可以补充维生素，坚持让宝宝食用，这个喂养的过程让妈妈觉得特别烦。偶尔发现孩子喜欢喝果汁，妈妈便觉得喝果汁也可以摄取到水果的丰富维生素，既省事又营养，宝宝喜欢喝的话多喝一点也无妨。实际上市面上销售的很多果汁都不是纯天然的果汁，里面含有很多添加剂，对宝宝的健康是有危害的。尤其是这类果汁里面果糖或蔗糖的含量比较高，若是让宝宝多喝，宝宝长蛀牙的机会也会比较多。同时，糖分摄取过多，会影响宝宝的食欲，影响他们正常吃饭，造成他们营养不良或虚胖。

因此，在婴幼儿阶段，我们应尽量给予宝宝纯天然的食物，像母乳就是宝宝最好的天然食品。**还比如鲜榨的果汁或蔬菜汁，就是宝宝摄取维生素的最好途径。**

作为新手父母，我们要了解哪些是宝宝适宜吃的食物，哪些是宝宝不能吃的食物，什么时候该吃什么，什么时候又不该吃什么。当宝宝四个月大以后，他自身体内的铁质就会慢慢消耗，体内的血红素会降低。所以四个月以后就可以慢慢地给宝宝添加辅食，以补充身体所需，可以从米糊、蛋黄泥、菜泥、肉泥开始，慢慢增加摄取的种类与分量。

不过在宝宝还不到七个月的时候，不太适宜吃菠菜、红萝卜等蔬菜。因为不到半岁的小宝宝肠胃功能尚未发育成熟，胃呈弱酸性，而菠菜和红萝卜含有较多的硝酸盐，在体内容易转化成亚硝酸盐，亚硝酸盐本身具有一定的毒性，会阻断血红细胞运输氧气的作用，从而导致组织细胞缺氧。但宝宝多半在四个月以后才会开始接触辅食，所以父母亲也不用太过担心。等宝宝再大一点，摄取的食物种类足够多的时候，即使搭配吃菠菜、红萝卜等含硝酸盐的蔬菜也不用担心，因为许多食物中都含有铁质，不会那么容易造成贫血。

最后我们要注意的是避免给宝宝吃蜂蜜。当宝宝便秘的时候，有的妈妈就给孩子喂蜂蜜，因为蜂蜜有润肠的功能。但蜂蜜中有肉毒杆菌的孢子，不到 1 岁的宝宝肠胃道菌丛还没有发育完全，无法抵御肉毒杆菌毒素的入侵，有可能会造成细菌中毒，因此在孩子不到 1 岁的时候最好避免吃蜂蜜。

不管给孩子吃什么食物，随着孩子年龄的增长，总会慢慢接触一些以前没吃过的食物，一旦发现孩子有任何过敏的现象，我们就要立即停止食用并就医。

孩子的变化和父母面临的挑战

从宝宝出生开始，相信爸爸妈妈最关心的一定就是宝宝的健康问题。从新生儿成长到幼儿，宝宝的肠胃是如何变化的？哪些饮食方式

对宝宝的肠胃发展比较好？一些不良的饮食习惯会对宝宝的肠胃造成什么样的影响？宝宝的肠胃和大人的肠胃有什么区别？这些都是 80 后的新手爸妈们疑惑的问题，孩子在成长过程中的变化对父母来说也是一个挑战。

　　本来，小咪从来就没管过这些问题，她觉得小孩子随便怎么养都可以，要什么都能吃才养得皮实。每次小咪都会把自己喜欢吃的东西或觉得好吃的东西都给小小咪喂一点。小咪喜欢喝可乐吃薯条就也给小小咪吃，偶尔小小咪拉肚子小咪也没在意，还以为小小咪着凉了，吃东西的时候还是不管不顾地给小小咪喂。

据有关儿科专家表示，宝宝还不到 1 岁的时候，肠胃属于快速生长期，但这个时期宝宝的肠胃蠕动功能并没有健全。1 岁以后，宝宝的饮食开始多元化，吸收率也慢慢增加，这个时候是宝宝的肠胃养成期，也是孩子健康饮食习惯建立的关键期。一直要到 3 岁以后，宝宝的肠胃功能才逐渐发育完成，这个时期才和大人的肠胃基本上没有了差别。

　　所以，1~3 岁的宝宝在这个肠胃养成期，父母要注意给宝宝正确的饮食、健康的饮食。因为这个时期的一些饮食方式会对宝宝的肠胃发展造成很大的影响，宝宝是否能养成良好的进食习惯就要看父母在这个变化的时期给宝宝采取什么样的饮食方式。

　　比如说奶粉的喂养。**宝宝在成长过程中会出现一个厌奶期，在他们三、六、九个月的时候，会经历厌奶期**。如果这个时候爸爸妈妈还强迫喂食或者以为宝宝只是厌恶了同一牌子的奶粉而不断地给宝宝更换奶粉，这样更容易造成宝宝肠胃不适，从而导致他们长时期无法适应奶制品，甚至从此拒绝液态奶制品，最糟的情况是一切液态食品他们都不愿意再食用。遇到这种情况时，我们不应该再强迫他们继续食用，当宝宝出现厌奶的情况时，我们应该选择在宝宝情绪较好的时候进行喂食，一次不要喂太多，可以少量多次，慢慢等宝宝渡过了这个时期再增加奶的分量。也不要以为配方奶配得越浓宝宝吸收的营养会越多，其实冲得越浓越容易造成宝宝腹泻，还更不利于宝宝吸收，我们只要按照包装上面的标示进行冲泡即可。

除了奶粉，我们还应该按宝宝的成长需要及时地添加辅食，宝宝在四个月以后就可以按照小儿饮食标准给孩子逐步地添加辅食，以补充孩子身体所需的其他营养，但油脂偏高的食物尽量不要给宝宝食用。根据肠胃的吸收功能看，几大热量来源中，糖类是最容易被吸收的，蛋白质次之，而油脂类最不容易被吸收，所以父母在给宝宝添加辅食的时候，应减少煎、炸等方式，避免宝宝摄取太多油脂而消化不了，造成肠胃胀气、消化不良等症状，甚至由此导致宝宝不喜欢吃饭或偏食。

随着孩子肠胃功能的逐渐成熟，他们能消化的食物越来越多，我们能添加的辅食也就更加多元化。根据宝宝整个成长时期的变化来调整他们的饮食，是每一个做父母的最应该学习的知识，无论是烹饪方式还是进食习惯，或者是食物种类，都要根据宝宝肠胃能够负担的程度进行调整，这样既可以避免宝宝养成偏食的习惯，也可以给宝宝多种营养素的补充。因为这个成长过程中的肠胃问题关乎宝宝的身体健康，如果父母能够成功应对这个问题，那我们的宝宝一定会健康又可爱，而且良好的饮食习惯也会让宝宝以后的成长更轻松更快乐！

孩子自己吃饭的关键时刻

随着宝宝的成长，他们逐渐脱离襁褓的保护，变得充满活力，这时妈妈就会倍感骄傲。但在欣喜宝宝健康成长的同时，每到吃饭的时间就会看着家里的餐桌变成战场，妈妈难道只能叹气或是训斥吗？面对一两岁的宝宝，甚至有的已经超过了三岁的宝宝，每当妈妈说开饭的时候，他们要不就是还盯着电视看得目不转睛；要不就是到处乱跑，怎么也不肯安安静静地坐在餐桌旁吃饭；要不就是还在那里玩他的小玩具。你是不是也有过"自从有了孩子就没办法好好吃饭"的想法？是不是觉得想

要培养孩子自己乖乖吃饭比登天还难呢？

　　妈妈们是否还记得，在宝宝半岁以前，宝宝手指运用虽然还不是太灵活，但抓握反射还在。随着宝宝不断的发育，宝宝的触觉会逐渐强烈，手眼协调能力也会越来越好。慢慢地，他们会发现，可以用小手去抓取或投掷物体。到了宝宝1岁左右，一些简单的抓握能力宝宝已经具备，他们也能自己稳稳地坐着，这时我们就可以对宝宝进行用餐训练了。

　　我们要给宝宝专用的餐桌椅，告诉他吃饭是要坐着吃的，不能东跑西跑。每一次吃饭，一定要让宝宝坐在椅子上，把电视关掉，把玩具收起来，要让宝宝知道如果他要离开这个座位跑去玩，就是说他现在不要吃饭。要告诉宝宝，如果你中途离开，就表示你不吃了，过会儿大家都吃完了就会把东西都收走，你要是肚子饿了也没有别的东西吃。妈妈们一定要坚持，不能孩子喊饿的时候再给他别的小点心吃，这样之前的训练就没用了。反复训练几次之后，我们就会发现，孩子已经记住吃饭的时候该怎么做了。

　　还要记住的是，不能因为零食影响孩子吃饭。饭前不要给孩子吃任何零食，也不能让孩子以为家里有其他小点心，吃饭的时候就可以不好好吃。当遇到孩子不愿意吃饭的情况时，可以跟孩子说："下午还有小饼干，你不吃饭是因为不饿吧，那到时候小饼干我就都自己吃了！"父母要尽量以孩子的思维来和他们沟通。

　　在训练孩子用餐的初期，也不要太苛求宝宝。他们可能会把饭菜掉的满桌、满地、满身都是！这是宝宝学习吃饭的一个必然的过程，请父母要多一点耐心，不要大声呵斥孩子，也不要因此而自己给孩子喂饭。给孩子一定的时间与成长的空间，适当的时候还可以稍加鼓励，增强宝宝自己使用餐具的信心。或者让宝宝使用他们专用的一些可爱的餐具，来提高他们吃饭的兴趣。如果实在担心，可以给孩子事先戴上围嘴，垫上桌布，并且一次不要给孩子碗里盛放太多的食物。

　　帮助婴幼儿顺利进食，更重要的是在宝宝学习过程中培养"亲子关系"。对于宝宝的用餐学习，并没有一定的步骤，只要父母能付出大量的专注力与耐心，就能在这个看似简单的用餐环节中，同时兼顾到孩子的身心发展。

让孩子学习吃饭的目的，除了让孩子吸收营养、茁壮成长以外，还能通过眼神的交流、肢体的接触及有效的沟通，给孩子带来视觉、听觉、触觉的刺激。这些刺激不仅能促进"亲子关系"的发展，更有利于孩子的成长与发育。而伴随着孩子逐渐成长，食物摄取走向多元化，以及味觉、嗅觉能力的加入，也能让孩子的进食学习渐渐完善。

维生素、营养补充剂和特别的饮食

市面上的营养补充剂成百上千，究竟孩子需不需要补充？又应该怎样补充？选择什么样的补充剂比较合适？这些问题经常让家长觉得无所适从，尤其是4岁以下的孩子，若服用了不当的营养补充剂，可能会引起严重的不良后果。据一些儿科专家指出，如果宝宝出生时体重正常，生长曲线有持续上升，并且食欲正常，不偏食也没有吸收上的问题，一般就不需要额外补充。如果出现了营养失调的状况，最好先找儿科医生确认，看宝宝是否有服用营养剂的必要，除了依照需要正确补充外，还应该从改善饮食习惯着手，不能指望光靠吃营养补充品就能彻底解决宝宝营养不均衡的问题，毕竟食补才是最营养、最可靠的。

一般而言，宝宝只要那六大类食物即五谷根茎类、鱼肉豆蛋类、油脂类、蔬菜类、水果类与奶类的营养都能均衡摄取，那么是不需要再额外服用营养补充剂的。1~4岁的幼儿，基本已经断奶，此后应该以三正餐为主，适当地添加点心时间。这个时期的孩子若出现偏食或饮食不均衡，也可能会有维生素缺乏的问题。维生素是人体必需的营养成分之一，我们只要均衡摄取各类食物，饮食不要追求过度的精致，一般都能吸收到人体日常所需的剂量。那么，哪些情况的宝宝需要额外补充呢？

小咪对这个问题也很疑惑，看着小小咪似乎比同龄的小朋友都瘦小一些，做妈妈的也有些着急。小咪给小小咪补钙、鱼肝油、维生素

等，还经常做一些补身体的食物给孩子吃，都没什么效果，所以特地带了小小咪去儿童医院做了体检，咨询了专家一些问题。

专家给小咪总结了五条，告诉她什么情况下才需要额外补充那些营养品或微量元素：

一是身高、体重发育不良的孩子。这个我们可以与儿童健康成长曲线图进行对比。如果孩子的身高或体重低于标准的3%，或者足月新生儿体重低于5斤，或低体重早产儿等，他们可能面临着生长发育迟缓或者吸收不良等问题，会导致缺乏某些营养素，这个时候最好请教儿科医生，了解应该给孩子补充哪一类的营养剂。

二是营养摄取不均者，容易导致宝宝营养失衡。半岁之前的宝宝，母乳可以提供婴儿所需的营养，但到了半岁之后，就应该给孩子添加辅食。尽量多给孩子吃各类食物，让孩子少吃零食，若是只吃零食不吃正餐或过度偏食，就容易造成孩子营养不均衡，这个时候可以考虑给孩子补充营养品，但同时要注意调整孩子的饮食习惯。

三是饮食过度精细，这是现代饮食普遍存在的问题。很多米饭、面条之类都是经过高度加工的食物，孩子爱吃快餐不爱吃水果蔬菜，导致纤维素摄取不足，容易缺乏维生素。

四是孩子在快速成长发育时期，对营养需求较高，比较容易缺乏维生素和铁质。可以选择多食用天然食物或营养补充剂来满足这个阶段的需要。

五是一些有特殊疾病的孩子。可以在医生的指示下，额外地补充营养剂或其他微量元素。

所以，我们不要自作主张给宝宝添加维生素或营养剂，也不要以为多给孩子吃一些特别的食物他们就能快速成长。任何孩子的成长发育都是一个漫长的过程，千万不能犯拔苗助长的错误。如果确实有需要，应听从专家的建议进行适当补充，因为不仅缺乏营养素会致病，补充过量也会造成幼儿的负担。只要平时孩子饮食正常，生长情况也属于正常范围内，也没上述营养不良的症状，就不用特别为孩子购买营养补充剂。孩子只有均衡饮食才最健康。

母乳喂养，无可替代

在生下孩子的那一刻，小咪内心充满了初为人母的骄傲。期待已久的新生命终于诞生了，小咪带着强烈的喜悦迎接这个孩子的到来。从一开始，小咪就选择了母婴同室的医院来迎接小小咪。孩子出生后，护士就抱她过去与小咪亲近，说这样可以刺激母乳的分泌，并且在宝宝洗澡后就可以尝试着第一次喂奶了。

产后第1周妈妈的泌乳量还不是很丰富，宝宝会因为饥饿而不断地要求吸奶，妈妈在哺乳时可按照宝宝的需要进行。随着吸吮次数的增加，乳汁分泌也会丰富起来。如果生产顺利，像小咪这样的，妈妈和婴儿状况都健康良好，就可以让刚出生的婴儿尽快吸吮母亲的乳头。早接触早开奶，不仅可以获得营养丰富的初乳，也能刺激乳腺泌乳。

母乳喂养不仅对婴儿有很多好处，对母亲自己也有许多益处。**母乳喂养可以促进母亲产后子宫恢复、减低乳癌的患病率，还能降低骨质疏松及髋部骨折的概率。**很多妈妈在怀孕时就担心自己身材走形，想生完孩子后立即瘦身。**其实母乳喂养能帮助产妇更快地恢复体形。**除了这些，母乳喂养还能省去出门时大包小包的麻烦，也不用担心卫生及冷热的问题，既方便又经济。

妈妈在哺乳时，看着怀中宝宝满足吸吮的神情，都会感到无比的喜悦与骄傲。"母乳是上天送给宝宝最珍贵的礼物"，不需要经过任何特殊加工和处理，就可以让宝宝摄取到充足的营养。但有时候妈妈在哺乳过程中遇到了一些问题，也伤透了脑筋，甚至想放弃母乳喂养。

有的妈妈在喂养过程中可能会出现轻微的疼痛感，而80后多是娇生惯养的独生子女，忍痛能力比较弱，若是因此而打消母乳喂养的念头，是一件非常可惜的事情。实际上，一般发生乳房疼痛、不适等问题的妈妈，很大一部分原因是与宝宝含乳方式不正确、清洁护理方式不当有关。如果

宝宝在吃奶的时候，不是将妈妈的乳晕部分全部含进嘴里，而只是咬住了乳头，当宝宝用力吸吮时，乳头上的皮肤就会与宝宝口腔上下硬腭发生摩擦，当这样的摩擦持续不断发生时，妈妈的乳头就会破裂，甚至出血。最初的症状是妈妈在宝宝吸吮乳头时感到疼痛，或者乳头上出现小水泡、发红甚至出血。

正常的乳头皲裂在三四天后会自然痊愈。一旦乳头皲裂妈妈们都会感到疼痛难忍，但为了宝宝的健康又不能放弃母乳喂养，所以妈妈们在产前就应该开始准备哺乳的事前工作，在孕中期开始做乳房护理，可以减少产后哺乳时乳头皲裂的现象。还要调整宝宝吃奶的姿势，用正确的姿势哺乳：先将宝宝的身体、头靠在妈妈的手臂上，并托住宝宝的臀部，以 C 型手势握住乳房,将乳头触碰宝宝上唇,诱发宝宝的寻乳反射,耐心等宝宝张大嘴巴，再轻柔地将乳头及乳晕放入宝宝嘴里，使宝宝的嘴含住乳头及乳晕。

母乳喂养不仅仅是一个生理养育过程，还可以帮助孩子建立母爱，是每一个做母亲的所面临的"母爱第一关"，是养育孩子不可替代的一个喂哺方式。养育孩子确实是一个漫长而又艰辛的过程，母乳喂养可以促进亲子感情，让妈妈们都自愿享受其中的乐趣。妈妈在喂哺母乳时，可以和婴儿同时感受到对方身体的温暖，熟悉对方的味道；婴儿吸吮母乳可以刺激妈妈荷尔蒙的分泌，增进感情，这都是一种身体与感情的结合，也是培养日后家庭安全感与爱的基础。

健康饮食要从小开始

婴幼儿期的饮食习惯，决定着他们将来的饮食观，也是他们保持健康体魄的基础。现代饮食日益精致、零食品种繁多、洋快餐四处泛滥，许多孩子从小就养成了不好的饮食习惯，出现肥胖、蛀牙、性早熟的比例越来越高。再加上平时没有培养孩子定时、定点用餐的习惯，到了用餐时间，家长仍由着孩子嬉闹，久了容易导致孩子用餐间隔混乱，影响孩子食欲。

或者有其他诱因，如电视等，都会让孩子无法专心进食。为了宝宝的健康着想，应该帮助宝宝从小就养成健康饮食的习惯。

一定要让孩子吃早餐，能自己准备更好；中餐不宜太随便，可与保姆、祖父母、幼儿园老师商量；晚餐是家长比较有时间准备的一餐，要特别注意营养均衡，但应避免营养过量的问题。

如果说日常饮食能做到六大类食物均衡摄取，而且孩子身高、体重成长都达标，那么偶尔吃些零食或许没有太大问题。反之，如果平时饮食就不太讲究，再以零食为主食，对孩子的成长发育是非常有害的。更何况孩子处于身体发育阶段，同样的饮食不均衡，影响却远比成人大。

当孩子出现明显偏食的情形时，要纠正就没那么容易了，这时父母只得辛苦一些，经常改变一下烹调方式以增加食物的风味，或改变食物外观，并且从少量提供开始，吸引孩子尝试。期间可以利用孩子的模仿能力，父母表现出津津有味的模样，相信也会对孩子有帮助。只要饮食能够配合，问题多可迎刃而解。家长不要过度依赖营养补充品，而要回归正常饮食、回归正常的烹调方式。

孩子出现种种饮食问题，代表某些环节可能被忽略了，建议父母重新调整孩子的饮食习惯，保证孩子的身体健康。饮食习惯自宝宝出生两三个月后就要开始培养，饮食不仅是维持生命、成长发育所必需的，也对其健康、将来的饮食习惯更有极深远的影响。就现代饮食形态来看，吃得饱已非难事，如何吃得好、吃得健康才是关键。

1岁前的婴儿期，六个月之前不需要给宝宝添加辅食，主要的营养来源为母奶或配方奶；**而六个月以后，可开始让宝宝吃米粉、菜泥等辅食，以满足其营养需求，但要记住一次只给宝宝尝试一种食物，过两三天后，确定宝宝已适应这种食物，就可以再换另一种新食物，或在原先的食物中添加第二种食物。**让宝宝多多尝试各类食物，熟悉食物的风味，以减少偏食的发生率。

1岁以后的宝宝，开始进入幼儿期，牙齿也慢慢长出来了，已有咀嚼的能力，因此一般大人吃的食物，只要注意烹煮原则都可给孩子食用，如不要加调味料；尽量采用蒸与煮的做法；避免使用炒、油炸（容易有致癌

物）的烹调方式。而且，一岁以后的幼儿已具咀嚼能力，就不要再只给他吃稀饭了。许多父母亲因为过度保护，没有让孩子习惯质地比较硬的食物，到了幼儿园孩子仍习惯吃稀饭、碎肉等质地软的食物，反而影响到孩子的咀嚼功能。家长可以让孩子有逐渐摄取各种食物的机会，并让孩子透过食物的取食练习过程，帮助协调他的感官。

幼儿期是孩子所有生长阶段中最容易发生营养不良的阶段，所以这段时间健康的饮食习惯会影响孩子的一生。从小注意孩子各种营养的均衡摄取，才能帮助他们奠定一生的健康基础。

哪些营养才是好营养

2003 年的非典还让人心有余悸，接踵而至的禽流感都让大家惊叹这个世界怎么了？专家不停地强调做好卫生管理与提高个人免疫力的重要性，事实上，人体的免疫系统与营养息息相关。哪些营养才是好营养，怎样才能保证营养，从而提高孩子的免疫力，打造抵抗力强的体质，想必是每一位父母都关心的问题。

人体的免疫系统可以保护身体不受外来物的侵犯，比如病毒、细菌等。然而随着生活水平的提高，饮食过度精致、饮食习惯不合理、垃圾食品摄取过量等，造成大部分现代人营养摄取不均、营养失调，使得免疫系统无法对身体进行有效的保护。正确且适当的营养可供给人体充足的各种营养素，同时再搭配适度的运动，就应该能使人们的免疫系统确实地发挥功效。

如果父母能把握"均衡、清淡且新鲜"的饮食原则，避免给孩子吃过多的零食和垃圾食品，建立他们正确的饮食习惯，相信孩子的抵抗力一定会增强！

当宝宝 4 ～ 6 个月大时，体内所储存的铁质已基本耗尽，所以，在添加辅食时，应该给予含铁丰富的食物，比如强化铁的米粉，或者深绿色的

蔬菜泥（菠菜等）。因为维生素C能帮助吸收食物所含的铁元素，所以可以自己榨一些新鲜的橙汁、猕猴桃汁等富含维生素C的果汁，加水稀释后喂给宝宝。新食物的添加由少量开始，并且一次只给一种新食物，以免宝宝出现不适应，或因同时添加多种食物，而不知道是因哪一种食物造成不适的情况（如腹泻，过敏等）。

七个月以后，开始给予宝宝蛋类、豆类、鱼类、肉类及其他食物。蛋、豆、鱼、肉类可提供给宝宝蛋白质、脂肪、铁质、钙质、维生素B群及维生素A等营养素，喂养的时候注意按照宝宝胃口的大小调整食物的分量，不要过量摄取；水果及蔬菜类可以提供给宝宝丰富的维生素A、C，水分及膳食等营养素；五谷杂粮类可以给宝宝提供糖类，蛋白质，维生素B1、B2等营养素。

许多研究指出，蔬菜水果吃得多的人，罹患心血管疾病、癌症及其他慢性疾病的风险显著较低。而单纯的维生素滴剂并不能达到相同的效果。因为蔬菜水果中不只是单纯含有维生素，还包含了其他营养素及各式各样的微量元素，因此具有抗氧化、抗发炎、预防癌症及改善代谢等保健功效。对于幼小的宝宝而言，适量摄取蔬菜水果，的确有益于免疫力的提升，但不宜过量，而且不建议给宝宝吃生的蔬菜。

近来也有研究指出正确摄取益生菌有助改善过敏症状及调节免疫力。而市面上销售的添加益生菌的产品五花八门（如：有添加益生菌的婴儿配方奶粉，添加益生菌的葡萄糖、酸奶，专门的益生菌添加剂等）。虽然说酸奶类发酵制品中的益生菌对人体有很多好处，但1岁以下的宝宝因肠胃消化系统尚未发育完全，较不适合食用，此阶段的宝宝喂养方式最好还是喝母乳，或食用含有益生菌的合格婴儿配方奶。

做父母的都希望孩子能健健康康地长大，但很多家长可能只会想到给孩子吃名牌穿名牌就好了，其实宝宝1岁以后，除了要喝奶之外，更需要摄取各种各样的食物，以补充成长所需的均衡营养素。因此，养成宝宝良好的饮食习惯是相当重要的，均衡摄取六大类食物，不仅可以得到宝宝成长过程中所需要的营养，更可以适当补充能强化免疫力的维生素与矿物质。给予宝宝多种类的食物，能够给宝宝提供不同的营养素，使宝宝健康成长。

让我们来看看营养的构成

大概到了 3 岁以后，很多小孩子都表现出不爱吃饭的现象，一到吃饭的时候就开始哼哼叽叽、磨磨蹭蹭，连饭桌边都不愿意靠。

　　小咪也是为了这个问题很伤脑筋，每天吃饭家里都要大闹一场。但有的小孩子吃饭很听话，自己拿着大勺吃得津津有味。小咪就觉得很纳闷，还曾怀疑过自己的手艺不好，做的饭不合小小咪的胃口，她还特意跑去请教了一些家长。

大部分的父母都反映孩子会有这么一个过程，很大部分原因都是因为现在零食品种太多，孩子大都喜欢吃那些没有营养但口感好的零食，而不愿意吃饭，这样身体自然就长不好。但有一位小朋友羊羊的妈妈就想出了一个办法，她告诉孩子只有吃饭才能补充身体所需的那些营养素，才能健康成长，而整天吃零食不仅身体长不好，还会影响智力发育，如果吃甜食吃得多的话还会满口蛀牙。

羊羊妈妈是做三维动画的，她给羊羊做了一个动画片，用一些羊羊比较喜欢的动画人物来代替了一些我们身体所需的营养素，通过那些动画人物的对话使羊羊爱上了吃饭。

动画片以一个小女孩云云为主角。以前云云也不喜欢吃饭，总喜欢吃薯片、糖、汉堡等食品，所以长得瘦瘦的像棵豆芽菜一样。那个时候，云云的肚子里面没有什么营养素的代表，都是一些拿着武器的蚊虫、防腐剂在那里耀武扬威。它们成天欺负蛋白质、维生素、矿物质那些有益的营养成分。

羊羊妈妈通过动画片告诉羊羊营养由什么构成，如何通过摄入食物而让人体进行消化、吸收和利用食物中的营养成分，以此来维持人的生长、发育。正义的使者由蛋白质、脂肪、糖类、矿物质和微量元素、维生素及水组成，这些都是在人体内能被利用，并且能供给能量、构成机体调节和维持生理功能的作用的物质。

蛋白质首先冲出来告诉大家，它是一切生命的物质基础，由多种氨基酸组成，并含有碳、氢、氧、氮及少量硫和磷。蛋白质告诉羊羊，正常情况下，人体内的蛋白质约占人体重量的16%～20%，且始终处于不断地分解与合成的动态平衡中，从而达到机体组织蛋白不断地更新及组织不断修复的目的，如果蛋白质的摄取量不足便会影响孩子的生长发育。

脂肪也跳出来说：不要以为我是坏蛋只会让人长胖，其实我在人体内分解产生的热量分为中性脂质和类脂质。中性脂质是由甘油和脂肪酸所组成，也称甘油三酯。类脂质是溶于脂肪溶剂的物质。根据化学结构的不同，脂肪中的脂肪酸又可分为饱和脂肪酸和不饱和脂肪酸。不饱和脂肪酸一般在体内不能合成，必须通过食物供给，称为必需脂肪酸。

糖类，根据分子结构的不同，可分为单糖（如葡萄糖、果糖）、双糖（如麦芽糖、蔗糖、乳糖）、多糖（如淀粉、糖原、不能被人体吸收的纤维素与果胶等）。

矿物质也称无机盐，包括除碳、氢、氧、氮以外的体内各种元素。其中体内含有较多的钙、镁、钾、钠、磷、氯、硫七种元素，称为宏量元素。其他的元素含量甚微，如铁、铜、锌、锰、钴、镍、硒、硅等，称为微量元素。

维生素家庭也跑出来说它们是维护人体健康、促进生长发育和调节生理功能所必须的有机化合物。每一种维生素的生理功能因其化学结构的不同而不同。维生素既不参与组织构成也不供给热量，但缺乏其中任何一种或几种，都将对整个机体代谢产生影响，甚至导致机体发生维生素缺乏性疾病。维生素种类很多，通常按溶解性将其分为水溶性和脂溶性两大类。

还有水，虽然看起来不起眼，随处可见，但它也是人们生存所必需的物质，是人体组织中不可缺少的成分，有帮助血液流动、促进营养物质消化吸收等多种功能。

让孩子了解营养的构成成分，并且喜欢它们，才会让他们自愿地摄取这些营养素，羊羊看到这么可爱的动画营养素，自然也爱上吃饭了。

让宝贝快乐进食的秘诀

"你还吃不吃，快点来吃饭！一碗饭一口都还没动，你要是还玩积木，我就给你收了一起丢到外面去！"小咪正气急败坏地给小小咪喂着饭，两人都战斗半小时了，一口饭还没动。"赶紧吃一口！"好不容易给小小咪塞了一勺子进去，小小咪还在那里反抗，"咣啷！"一声，饭碗打翻在地上了。小咪气得一巴掌拍在了小小咪屁股上，含了一嘴饭的小小咪"哇"的一声就哭开了。几乎每隔一两天，小咪家里都会上演这么一出，吃饭就是一场拉锯战。

在现在的家庭里，孩子挑食、厌食、不爱吃饭的现象很普遍。每到吃饭的时候，他们都想尽千方百计拒绝吃饭。难道他们真的不饿？还是哪里不舒服？父母甚至会想孩子是否是得了厌食症。而事实上他们比任何时候都健康。出现这种状况，绝大部分原因都是由于家长喂养方式不当，或者没有让孩子养成良好的进食习惯。

针对这一现象，我们教大家一些让宝宝快乐进食的小秘诀，希望做父母的能从孩子的喂养方式和饮食习惯入手，让孩子爱上吃饭。

首先要控制孩子的零食。一般情况下，孩子肚子饿了他是愿意吃饭的。所以我们要尽量做到每日三餐定时吃，不要在孩子说饿的时候给他零食吃，尤其不能在吃饭前让孩子吃零食。告诉孩子只有在吃完饭后，可以适当吃一些小点心作为奖励，为孩子建立饥饱规律。

第二，吃饭的时间不能过长。有的小孩子不肯好好吃饭，家长就把电视打开让孩子一边看电视然后在一边给孩子喂饭；或者给孩子一个玩具，让孩子一边玩然后在一边喂，这样吃一顿饭就要花上很长的时间。孩子养成这样的习惯后，会在父母没满足他的条件时就更不肯吃饭。其实这样吃饭会影响孩子的注意力，也不利于孩子的消化，而且当他们被别的东西吸

引的时候，好好吃饭就更难了。

第三，不要强迫孩子吃得过多。不要以自己的标准来衡量孩子，当孩子吃饱后，就不要因为怕孩子很快会饿而一再强迫孩子吃，这样会让孩子更厌恶吃饭。

第四，创造一个良好的进食环境。要孩子吃饭的时候千万不要威逼利诱，不要用因为孩子不吃饭就把他扔了，不要他了或者说不吃饭就要挨打等说法来恐吓孩子。有的家长很喜欢在孩子面前显示自己的权威，动不动就教训孩子。为了让孩子快乐进食，我们应该创造一个和谐轻松的进食环境，当大家都吃得津津有味时，孩子的好奇心理会让他也想来尝一尝。

第五，要让孩子养成自己吃饭的习惯。父母应该适时培养孩子用餐具自己吃饭的习惯，不要因为怕孩子把衣服、桌子、地板弄脏而不让孩子自己使用餐具，如果因为这些而一直给孩子喂饭，那么孩子便享受不到使用餐具自己吃饭的乐趣，从而渐渐对吃饭产生厌烦心理。我们可以给孩子准备一套他专用的可爱的餐具，他们在对餐具感兴趣的同时，也会尝试着去使用，从而每天都会盼望着吃饭时间的到来。

第六，不能让孩子不吃饭的行为得逞。经常有这样一种情况，小孩子在家里的时候都会好好吃饭，但有时候和父母出去参加一些宴会或酒席的时候，他们就只顾着喝饮料，而不愿意吃饭了。这个时候，我们不能纵容孩子的这种行为，要坚持自己的原则，始终让孩子在吃饭的时候保持一个良好的习惯，不要因为地点不同而改变。可以适当地在大家面前表扬一下孩子，小孩子都喜欢戴高帽，为了树立一个好孩子的形象，他一定会自己注意的。

假如发生了进食障碍和饮食失调

进食障碍是指与心理障碍有关，以进食行为异常为显著特征的一组综合征，主要指神经性厌食、神经性呕吐和神经性贪食症，一般不包括拒食、

偏食和异嗜癖。饮食失调症属于轻性精神病。饮食失调症，又称暴食症，患者会暴饮暴食，也可能出现减食甚至不吃的现象，往往导致身体其他器官失效而影响生命安全。

儿童出现偏食的问题，而且已经对某些食物感到了厌恶，那么，要想使他们回到均衡合理的饮食上来，最主要是应该让他们觉得你根本不在意他们吃什么。

父母不应该强迫偏食的孩子去吃他们不爱吃的食物，那是一个非常大的失误。如果他们被迫吃了他们觉得厌恶的食物，哪怕只有一点点，便会使他们更坚定不吃这种东西的决心，从而减少他们今后喜欢这种食物的可能性。与此同时，这么做还会影响他们吃饭时的心情，从而影响他们对其他食物的食欲。还要记住，永远不要让孩子在吃这一顿饭的时候，再给他吃上一顿曾拒绝过的食物，那纯粹是自找麻烦！

每次给厌食的孩子吃的东西不要太多，对于那些不好好吃饭的孩子来说，只需要给他们一小份一小份的食物就行了。如果盘子里堆了很高的食物，就会不断地提醒他还剩下多少，这样还会破坏他的食欲。如果第一次给他的分量很少，就会让他产生"不够吃"的想法。这正是父母所希望的，要让他好像渴望得到某件玩具那样，渴望吃到某种食物。如果他的胃口确实很小，就更应该给他很少的分量：一勺肉类食品、一勺蔬菜、一勺米饭就可以了。孩子吃完以后，不要急着问："你还想吃吗？"要让他自己主动提要求。即使要隔好几天以后他才可能提出"还想要"的要求，我们也应该坚持这样做。

我们的目的不是强迫孩子去吃饭，而是调动他们的胃口，让他们自己想吃东西。吃饭的时候尽量不要谈论孩子吃饭的问题，无论是恐吓还是鼓励都不好。不要因为他吃得特别多而称赞他，也不要因为他吃得少而显得失望或责备他。经过实践锻炼以后，你就能做到不去想孩子吃饭的问题了。这就是真正的进步，当孩子感到没有压力的时候，他就会注意到自己的食欲了。

如果一段时间以后孩子想吃饭了，就可以增加一种他过去吃过的而且喜欢吃的食物，小半碗就够了，不要告诉他饭菜加量了。无论孩子吃还是不吃，都不要加以评论。过两三个星期以后再给他吃一次这种食物，同时再试着加上另一种。隔多长时间才能新增加食品，不仅取决于孩子胃口改善的情况，还取决于他对新食品的接受程度。

不要用点心、糖果、喜欢的玩具或者其他奖品去引诱孩子吃饭；不要让他为了某个人去吃饭，也不要让孩子为了讨父母高兴而吃饭；不要让孩子为了长得又高又大，或者为了不生病而吃饭；更不要让他仅仅为了把饭菜吃完而吃饭。如果为了让孩子吃饭而采用体罚或者剥夺孩子的某些权利的手段来威胁他，那就更不可取了。

只要孩子不想吃东西，父母会十分着急，也很难放松下来。其实，孩子食欲下降的最主要原因正是父母的担心和催促，即使父母尽了最大的努力来改变自己的做法，孩子也要花上好几个星期的时间才能逐渐恢复自己的胃口——他需要时间来慢慢地淡忘一切跟吃饭有关的不愉快的记忆。消除孩子的饮食障碍需要时间和耐心，一旦孩子出现了不好好吃饭的问题就需要用时间和理解来解决。

第五部分：孩子的智力开发决定一生

- 语言能力开发
- 阅读和书写能力开发
- 数学潜能开发
- 对自然科学的认识

语言能力开发

宝宝开始牙牙学语，看起来是顺其自然。从信息接收再到理解含义，再到口语与肢体语言的表达，一系列的认知过程，体现了孩子与外界的沟通能力。但从现实生活中观察，每一个宝宝的语言学习能力各不相同，除了生理与生活环境等因素，我们应该知道每一个孩子都因其个体差异，有发育早晚的情况，所以不需要做无谓的比较，不要给孩子太大的压力。让他们自然而然地学习，是让孩子学会"侃侃而谈"的关键。

从生理条件看，宝宝的语言发展与感官发育有着直接而且密切的联系，听觉、视觉等感觉器官的开发，是宝宝开始学习的关键步骤。当婴儿还在妈妈肚子里时，就已经有倾听声音的能力，那时就可以开始他们沟通能力的培养。1～4个月大的婴儿就能察觉外界不同的声音，还能分辨出不同声音所表示的情绪变化，而且他们那响亮的哭声就是宝宝在用自己独特的语言与他人进行沟通；一岁半以后的孩子，就能够分辨出唇部运动与其所发出的声音之间的关系，而且还能用他们那嘟囔的腔调和父母进行简单的对话。

语言表达很大一部分还与儿童的"认知"有关，因为认知能促使孩子对周边的事物进行理解与描述。儿童认知的产生，最早开始于对实际生活中一些事件的知觉，当他们接收到一定的信息，再加上足够的环境刺激时，他们的认知与理解就会相结合，从而能准确地通过语言将这个信息表达出来，而不是胡说。除了对事物正确的认知，儿童本身的性格气质也是影响他们语言能力的一个关键因素。比如性格开朗、活泼的孩子，一般要比内向、害羞的孩子更善于表达自己内心的想法，开口说话的机会越多，孩子便越愿意说话。

生活环境的刺激也是学习语言的一个关键。对于牙牙学语的宝宝来说，最亲近、接触最多的就是家人，如果父母能够提供给孩子足够丰富的

感官刺激，多给孩子创造与外界互动的机会，让孩子在合适的情境中学习说话，将有助于培养孩子的口头表达能力。

同时也要记住父母是孩子的第一个老师，也是最重要的老师，培养宝宝的语言表达能力，让孩子在游戏中得到锻炼是最好的方法，所以亲子互动显得尤为重要。

> 小咪在小小咪还小的时候，就经常和她一起玩游戏。拿张纸巾，在小小咪面前给她吹起来，让纸巾飘一飘，这样小小咪有时候也会嘟起小嘴发出"哦，哦"的声音。

这个游戏可以训练婴儿口腔肌肉，同时妈妈还可以张大嘴或伸一下舌头，宝宝通过模仿一些简单的口腔动作来锻炼自己的口腔肌肉。当孩子慢慢长大以后，可以先教孩子学着说叠音词，比如鞋鞋、碗碗，然后逐步增加语句长度或词语难度，教孩子正确描述一件物品。

要想成功激发孩子说话的欲望，父母除了可以按照不同年龄段为孩子安排一些语言学习的游戏，还应该让孩子处在一个快乐、幸福的家庭环境中。当孩子的语言表达还不是很准确的时候，如果出现了错误，大人也不要去嘲笑他。如果孩子因为说错而害羞、觉得不好意思，以后可能会更少地开口，慢慢地不和周围的人进行交流。父母只要适当地告诉孩子应该如何正确表达即可，或者通过一件其他的事情告诉他正确的说法，他们就会记住的。

在教育的过程中千万不能着急，因为语言能力培养是一个循序渐进的过程。

阅读和书写能力开发

再忙也要陪孩子一起读书，这应该成为现在的父母每天的亲子活动之一，父母阅读的时间与兴趣会间接影响孩子的阅读习惯。开发孩子的阅读

和书写能力很难吗？其实一点也不，而且让孩子越小开始亲近书本，就越容易让他们对阅读感兴趣，只要父母每天花一点时间和孩子一起读书写字，很快就能享受到亲子共读的乐趣。

到底什么时候开始阅读计划比较好呢？阅读不是应该从孩子识字或是上学以后才开始的吗？或许很多父母都会认为，读书写字是孩子到了学校以后才开始的，是老师的工作之一，父母不必花太多心思。这些根深蒂固的观念，让很多家庭的亲子共读晚了许多，其实国外有很多家庭将零岁阅读作为新生儿父母的要务之一，新手父母除了要学习如何照顾新生儿，还要学习亲子共读的技巧。

当宝宝三四个月大时，可使用柔软的布书，轻声念给宝宝听，让宝宝熟悉爸爸妈妈的声音及语调。或者让宝宝自己拿着书，在潜意识里培养宝宝对书本的兴趣。当宝宝可以靠着大人坐着时，让宝宝拿着书，父母在旁边稍加指引，教宝宝翻页，同时给宝宝讲述书中的图画所代表的意思。简单的一些小动作，可以培养宝宝注意力的集中，也可以通过翻书的过程，加强宝宝手眼协调的能力。

再长大一点，宝宝开始学会爬行了，父母可以给宝宝把书和纸笔放在一个专门的地方，将宝宝平时喜欢的书和他写过画过的纸收在一起，让他自己可以随时去拿、去写或翻阅图书。随着宝宝年龄的增长，动手能力会越来越强，经常会被身边其他的新鲜事物所吸引，但这并不表示宝宝就不爱看书了，我们只要继续给宝宝提供书本，建立亲子共读、共写空间，宝宝还是会养成喜欢阅读和书写的习惯的。

常常有父母会担心自己的声音及表情不够生动丰富，画画不够形象，不能吸引宝宝产生阅读或书写的兴趣。其实，父母只需要随着书中的故事情节，用自己的声音读给宝宝听，将宝宝的注意力吸引到图书的画面上来，适时和宝宝采用问答的方式进行亲子间的互动，让宝宝用手指出答案，或者给宝宝一只彩色的笔，简单地画出来，或是涂上颜色。比如：太阳在哪里呢？可以让宝宝给太阳涂上颜色，或者让宝宝自己在书上画出来，父母通过语言或表情的鼓励，可以增加宝宝对故事的兴趣。

现在的儿童读物也多种多样，大多数父母都会希望买一本故事比较多

一点、可以用得久一点的故事书，于是选择那种比较厚、字数比较多的书本，但是却忽略了书本对宝宝的适用性。针对儿童读物，最主要的要求就是色彩鲜明，主题充满乐趣，字数不宜过多，材料以布、塑料页、硬纸板为好。当孩子对书本内容不是很有兴趣时，不需要每天都强迫孩子阅读书本，可以过一段时间再拿出来，最好是挑孩子喜欢的人或事物有针对性地购买。

选择合适的阅读和书写时间，可以利用孩子精神状态好、专注力强的时间进行阅读和书写培养。当孩子主动提出来的时候，更应该把握好这个时间段，便可达到事半功倍的效果。不要太心急把孩子培养成神童而过分要求孩子每天看书的次数和时间，要了解宝宝的生理作息时间，根据宝宝的需要和孩子一起阅读，才能增加孩子对书本的好感。

和宝宝共享阅读与书写之乐是一个漫长的过程，需要一点一滴的积累，阅读与书写不仅能培养宝宝的识字与认知能力，更重要的是，宝宝经过不断地触摸和观察，可以培养敏锐的洞察力和动作协调能力。所以，对孩子的阅读和书写能力的开发应该从小做起，相信很快孩子就能感受到亲密又充满书香的亲子关系。

数学潜能开发

数学概念对幼儿来说是一项非常重要的启发，通过数字与逻辑概念的逐步建立，孩子可以用准确的语言来形容他们所处的生活环境。数学潜能的开发最早最有效的一个时期是胎教期，第二个时期便是出生后的第一年，孩子的数字敏感期要好好把握。

我们可以发现，1岁左右的孩子，很喜欢把手中或是桌上的物品向下丢，很多父母遇到这样的情况，都会认为孩子不听话，把东西乱丢，不爱惜东西。但事实上，孩子丢东西的原因是因为物体与其他东西接触时发出的声音吸引了孩子，同时孩子只能把东西向下丢，还不具备将物体向上抛的能力，因此丢东西便可以成为我们训练孩子的一项新的模式与乐趣。

当孩子出现丢东西的习惯后，我们可以请他把东西捡回来。比如说："请你帮妈妈把地上的一张纸捡起来。"或者是："请你把你的那一辆小汽车收回玩具箱。"在每一次的对话中，加上物体的量词及单位名称，孩子便会很快就学会那个数字所代表的意义。

很多父母教孩子数学，都是从数数开始，一般 2 岁的孩子可以从 1 数到 10，或者有的小孩子能数更多。但是，数学概念的培养应该从理解数字的量开始，而不是单纯地记住那些数字。现在市面上有很多幼儿潜能开发丛书，内容都很丰富且富含数学概念的内涵。当我们和孩子一起互动的时候，可以指着图片问孩子"有几朵小花？""有多少个小朋友在公园里玩？"和孩子一起用手指点着，一起数一数，几次之后，孩子就能建立数量的概念。当孩子慢慢可以自己数出数量时，便可以加入数字的符号，让孩子练习一下数字的排列。孩子的玩具小车或是一些小塑料盒是非常好的工具，只要凑齐了 10 个然后在上面贴上数字，就可以让孩子练习 1～10 的排列顺序，还可以设计一些让孩子练习数字数量的游戏。

当孩子理解了数字概念，能准确无误地将 1～10 按顺序排列下来后，就可以做更深一层的游戏了。有时候，当孩子从幼儿园回来后，会告诉家长，哪些数字是奇数哪些数字是偶数，可能你们会觉得很惊讶，其实，让孩子学会奇数与偶数的概念并不难，只需要一些小小的技巧，三四岁的孩子很快就能明白。比如说在指导孩子排列数字时，两两成行，当排列完成后，可以告诉孩子："看看这些数字，单独的一个没有好伙伴的是奇数，有好伙伴的是偶数。"把数字概念用小朋友的思维诠释出来，还可以利用家里孩子喜欢玩的玩具做排列练习，孩子便能很容易就掌握奇偶数的概念。

要想成功的开发孩子的数学潜能，除了要知道给孩子灌输那些数学概念以外，我们还应该学会用孩子能够理解的语言或孩子能够接受的游戏方式向他们讲解有关的知识，让孩子理解这些知识的含义，从而使孩子能正确运用这些知识，并在运用中学会举一反三。

数学是一门逻辑性很强的学科，每一个部分的内容之间都有着密切的联系，父母在教孩子数学时，一定要循序渐进不能贪多求快，欲速则不达，影响了孩子现阶段的学习事小，重要的是影响了孩子以后学习数学的积极性，甚至让孩子从小对数学就产生强烈的排斥和恐惧心理，影响了以后的发展。所以父母最主要的任务是帮助孩子建立对数字的兴趣与信心，这些并不需要死记硬背，只要从日常的生活小事中做起就可以。比如将一些生活中简单的小变化编成游戏和孩子一起互动，更容易帮助学龄前的孩子建立数字的概念，开发孩子的数学潜能。

对自然科学的认识

儿童对他身边的所有事物都充满了好奇和疑惑，但由于他们接触世界的时间不长，所以他们对人类已有的文化知识和经验还不够了解。但孩子有他独特的视角，这就是发挥他们创造力的基础，因此每一个儿童都具有创造力。儿童对其他事物的理解过程就是他们创造的过程，他们创造性地在自己具有的认知结构的基础上去感应或接受他们所不知道的知识、经验等。

儿童的创造力是脆弱的，尤其他们对自然科学的认识需要得到父母的支持，在自然科学知识教育中培养儿童的创造力是一种有效的途径，尤其是在科学活动中指导孩子养成一种自主的探究习惯十分重要。比如说让孩子学习"沉浮"的科学活动，我们可以给孩子提供各种各样的材料——木头、石头、塑料盒、玻璃球、纸板等，给孩子一桶水，让孩子自己去研究这些物体沉浮的现象。孩子本来就喜欢玩水，在这个活动中，他们可以用这些材料分别做实验，研究他们在水里的情况，能发现很多有趣的现象。

小咪一直都反对小小咪玩水，说她把家里弄得一团糟，这天小咪在家里打扫卫生没空去管小小咪，小小咪就自己拿了好多玩具在那玩妈妈放在阳台上的一桶水。她把她的积木丢在水桶里，发现木块都漂

在水面上，她用手把它们按下去，结果只要一松手，积木又都浮了上来。她又把她喝水的玻璃杯丢进去，发现玻璃杯本来还是漂着的，但是里面进了水以后，杯子就沉下去了。塑料瓶也是这样。但是如果把有盖子的瓶子用盖子盖好，再丢进去，就不会沉了。厚纸板开始也是漂着的，但是全部打湿以后，也会沉到桶底……

在整个玩耍的过程中，孩子都会有自己的发现，我们不要因为孩子会把家里弄乱弄脏就一味地阻止他们碰这个碰那个，这样也会阻止孩子创造力的培养。父母其实可以充当孩子和外界的桥梁，当孩子对自然科学产生兴趣的时候，不要阻止孩子对大自然进行探索，可以对孩子提出一些具有启发性的问题，激发孩子的创造性思维。比如可以问一下他们，为什么积木不会沉下去？我们怎么做就可以让它沉下去呢？如何让瓶子沉到水底？让孩子针对这些问题更深入地进行研究，他们就会有更多的发现，靠父母直接给出答案，他们也记不住。在整个玩乐的过程中，孩子的好奇心也得到了充分的满足，而且他们的思维也得到了训练，对自然科学也有了更进一步的认识。

在孩子对自然科学认识的过程中，父母应引导孩子在那些活动中自己去探索解决问题的不同方法，鼓励孩子大胆去探索，而不是简单地说"不对""不行"这些消极的话，打消孩子的积极性。我们不仅要重视孩子对自然科学知识的学习，更应该注重对孩子科学态度、科学精神和科学思维的培养，这样才能满足孩子的好奇心和求知欲，才能引导孩子对自然科学产生兴趣，才能主动去研究解决问题的方法。如果这些活动能激发出孩子的兴趣，那么在活动中，他们会表现得更加主动、活泼，并且还能快速地掌握一些相关技能，在这种愉快的氛围中使孩子的各种能力得到更好的培养。由于在整个学习的过程中，孩子始终处于积极主动的状态，这样不仅能丰富孩子各方面的知识、开阔他们的视野，还能使孩子获得很多生活经验，让他们感觉到一些奇特的事物是他们自己发现的。这不但极大地满足了孩子的成就感，孩子的自信心、主动性、创造性及其他很多方面的能力也能得到最大限度的发展。

认知能力训练

认知能力是指人脑加工、储存和提取信息的能力，是个体认识外界的心理能力，是儿童学习能力的重要组成部分。儿童的认知能力是随着年龄增长循序渐进而发展的，游戏、阅读或玩玩具都能提高孩子的认知能力。如果认知能力发展水平在某一个阶段或者某个方面发展缓慢或停止发育就会形成学习障碍。根据瑞士儿童心理学家皮亚杰的"儿童认知发展阶段理论"得知，儿童认知发展有四个阶段：感觉运动阶段（0～2岁）、前运算阶段（3～6岁）、具体运算阶段（7～12岁）、形式运算阶段（12岁以后），这几个阶段共同构成了一个认知发展和变化的连锁体。在儿童认知能力发展过程中，应该重视对儿童认知心理活动全过程的观察、注意、记忆和语言等的训练。

比如在宝宝一个月的时候，我们可以在宝宝的睡床上方挂一些可以使他们感兴趣的能动的物体，像那种转动的风铃或者有图案的气球等。 但是同一时间不要多放，一次挂一件物品即可，过一段时间就可以给宝宝换一个，最好是颜色鲜艳的能发出声音的玩具。每次这些玩具一触动就能吸引宝宝的注意力，把宝宝的目光吸引到这些玩具上来，一次持续几分钟，每天和宝宝玩三四次。还有相关研究指出，新生儿对黑白图案最敏感。我们可以在宝宝的床两侧挂上父母的黑白自画像，先放妈妈的图案，让婴儿醒了以后可以看到，当宝宝看熟了一幅图以后，就可以换另一幅。一般新的图形会吸引婴儿注视7～13秒，当你发现宝宝注视时间变短以后，就可以更换了。有的时候，我们可以将带声音的玩具一边摇一边移动，先以声音吸引宝宝的注意力，然后再在宝宝面前移动，使他们的视线随着玩具移动，以此促进宝宝的视听识别能力和记忆力。

慢慢地，宝宝在看到自己喜欢的彩色图画时，会表现出自己强烈的兴趣，他们会手舞足蹈地表达自己的意愿，或挥动双手想去摸。一旦看到不

熟悉的图画时，宝宝又会因为新奇而长时间地注视。父母应该要注意记录宝宝所表示的偏爱，以此作为以后进一步训练宝宝的标准。**训练宝宝的听力时也一样，重复地将能发声的玩具放在宝宝视线内通过玩具发出声音来吸引宝宝，同时缓慢地告诉宝宝玩具的名称，等宝宝注意以后，再换个位置让宝宝追随声源**，记录好当宝宝听到什么声音时会笑或表情兴奋，然后就让他经常听他感兴趣的部分声音。

还有嗅觉、味觉的训练。当宝宝还在妈妈肚子里五个月大时味蕾就开始发育，他们对酸、甜、苦、辣、咸就有了感知及辨别能力；七个月大的他就具有了闻气味的能力；出生后也会对一些刺激性的气味特别敏感，比如香味、酸味等。胎儿出生后我们就应该给宝宝创造条件，比如大家吃饭的时候也把宝宝抱到餐桌旁，让他一起参与进餐，闻闻饭菜的香味或者用筷子沾一点汤汁，让宝宝尝一下有什么味道。虽然这些事情看起来很简单，也不重要，但往往就是一些小事会成为孩子日后健康发育和人格健全的不可或缺的教育内容。

随着宝宝逐渐地长大，我们给予宝宝认知能力训练的游戏也可以更加多样化、复杂化，增加一些抽象、复杂的例子，并尽量与日常生活相联系，同时也可以配合体能、语言、社会认知能力的发展，把训练安排在娱乐和游戏活动中，以提高宝宝的兴趣，加强与宝宝的沟通与协调，这样才能使宝宝主动地参与到活动中来。

音乐潜能开发

很多80后父母在怀孕阶段就给宝宝准备了很多胎教的资料，比如当宝宝还在妈妈肚子里时，爸爸妈妈就采用音乐胎教法对孩子进行胎教。这样宝宝就会在音乐中快乐地成长，当他出生后自然也会相当可爱。但是爸爸妈妈们可别忘了，不仅仅是怀孕时多听音乐有利于宝宝成长，在宝宝出生后，也应该让宝宝多听听音乐，开发他们的音乐潜能。因为音乐潜能是潜能开发的一部分，是人类各种活动中潜在的智能，音乐潜能对各学科有一种辐射的作用。

从宝宝出生到他们三四个月大的时候，是一个可以利用的非常重要的时期。如果在这一段时期里面让宝宝继续听他们原来听过的胎教音乐，便可以渐渐培养宝宝对音乐的兴趣，培养孩子感受音乐的能力，而且经过音乐的熏陶可以让宝宝养成良好的气质。相反，如果宝宝出生后便不再像以前那样继续给宝宝听音乐，那么在胎教期间好不容易让宝宝养成的音乐习惯就会失去，那父母早期做的功课就前功尽弃了。

小咪在音乐这方面倒是坚持得不错，每天都坚持让小小咪听一阵舒缓的音乐，如轻音乐或者是儿童歌曲。有时候大咪就特别不理解，"你天天放这些音乐，她能听懂吗？你看她每天只知道睡觉，是不是把音乐当成催眠曲了？"

很多人都会像大咪一样，认为有好多音乐大人都无法感受到它的意境，一个小婴儿能懂吗？他们怎么会知道这些音乐传达的是什么意思？有必要天天听吗？其实，这是非常有必要的。我们不用去管宝宝在听音乐的时候能否能听懂，也不需要他们能理解，我们的目的只有一个，就是让宝宝去感受，重点在于让宝宝受到熏陶和感染，然后开发他的音乐潜能。

因为从孩子出生开始，每天都给孩子听音乐能使孩子的大脑听力区产生相应的大脑波动，波动的次数多了以后，就会在孩子的大脑中形成永久的记忆波。通常情况下，音乐胎教做得好的妈妈们就会发现，孩子出生后再听到他们所熟悉的音乐时，会随着音乐的拍子挥动自己的手臂或者用力蹬自己的小腿。从新生儿开始就持续给宝宝进行音乐教育的妈妈就会发现，宝宝再大一点能站稳的时候，听到音乐会随着音乐一起扭屁股，这就是所谓的"闻歌起舞"！他们还非常喜欢听自然界的各种声音，有时候听到一些简单的音调就能区别声音的不同，还能形象地模仿，这些表现都是孩子在告诉父母自己有非常好的乐感。

有的时候给宝宝听音乐，我们还可以通过音乐和宝宝玩一些游戏，帮

助他们认识高低音。比如我们可以找出一些小动物的玩具，然后在音乐播放的过程中拿出小动物给孩子讲故事，并随着音乐节奏的高低用不同的动物来代表，比如低音的时候可以用大笨熊来说话，音乐欢快的时候，可以让"小兔小狗"们欢快地玩耍。通过表演来逗乐孩子，可以避免他们对音乐产生反感。如果父母单纯地以为只要把孩子往床上一放，然后给他把音乐打开，他们就能很享受地去听，那就大错特错了。孩子的特性就是爱玩、好动，我们在给宝宝听音乐的时候要注意到一点，那就是宝宝对音乐有没有表现出反感的情绪。我们要根据宝宝的兴趣爱好特点，创造一些宝宝喜欢的游戏来引导他们对音乐的兴趣。因为在游戏的过程中，能调动宝宝的积极主动性。父母要给孩子创设一个轻松愉快的环境，然后有目的地对宝宝进行音乐培养，这样才能取得良好的效果。

绘画及手工制作

现在的孩子大部分生活在城市里，很少能到乡间田道上嬉戏、亲近大自然，但是现在的孩子也拥有许多过去所没有的东西。随着生活水平的提高，我们的生活中充满了各种美丽的商品或者是精美的公共艺术，时刻丰富着人们的视觉经验。既然是这样，父母何不利用现代社会环境的优势，滋养孩子对美的感受，比如日常生活中唾手可得的包装纸、宣传画及广告牌等，都可以成为孩子绘画或手工制作的材料及范本。我们可以依此指导孩子发挥自己的想象力，去绘制属于他们自己的快乐童年。

尽量给孩子提供不同的材料，让他们自己尽情地发挥，父母不需要先给孩子做一个范本，或者抓着孩子的手画，这样反而会造成孩子的依赖性，甚至扼杀了他的创造力。比如说小小咪在画太阳的时候，画得不圆，小咪仍然鼓励她："画得真棒，太阳公公是不是睡觉了，好像没什么精神呀？"然后再告诉孩子如果在什么地方稍微改一下就更好看了。但如果小咪看到小小咪画得不好，直接就给她指出来，说："哎呀，怎么画成这样了呢？

这么瘦哪像太阳，看妈妈来给你画一个。"这样说只会让孩子失去自信，以后都不敢画自己心里所想的，而且还会打消孩子的积极性，可能他从此对绘画再也不感兴趣了。

儿童从会用手拿笔开始，就进入了他的书写敏感期，开始喜欢拿笔在纸上乱画一些线条，或者有的小孩子对手工制作也开始感兴趣，他们觉得做出来的那些小玩意很可爱，随便一张白纸就可以把它折成一只可爱的小鸭，或者剪成一只小狗。当孩子自己开始信手涂鸦的时候，父母不必急着去为孩子定义，如果想和孩子一起互动，只要以轻松愉快的口气问孩子："你在画什么呢？这是什么呀？"仅仅这样一句话就是对孩子最好的引导。可能有时候他们会回答："不知道。"但父母只要耐心一点问他一些具体的事物，比如这一条长长的线是什么，或者以鼓励的语气和孩子说："你画得真不错，这个地方画的是什么呀？"这个时候孩子就会开始思考，并告诉你他画的是什么东西。通过父母的引导，孩子会很快地为他手上的作品取名字。当然，刚开始的时候，可能你问第一遍是什么，他说是小鸟，然后你再问一遍，他又会说这是小鸡，这都是正常的现象，不用急着去指正他，也不要说他画的和命名的不符，再过一段时间，孩子就不会再改变作品的名称了。

除了画画，我们还可以给孩子提供各式各样的纸张和工具，让他们去撕、剪、贴、折，都是很好的操作经验，除了纸，泥土、沙子也是很好的操作材料。一两岁的孩子虽然语言表达能力并不是很成熟，但他们的想象力是相当丰富的，利用这些材料，和孩子一起进行绘画或手工制作，刺激孩子的想象力，玩过一段时间后，你就会惊喜地发现孩子的图画开始具有故事性了，孩子也会在这一过程中，获得创作的乐趣或找到情绪转移的出口。

让孩子从小接触美术，不需要给他们任何压力，任其自由发展，对孩子的各种能力发展都有很多好处。通过这些活动，可以增强孩子的自信，让孩子在涂鸦的过程中获得成就感，进而激发他的想象力，还能促进孩子大小肌肉的活动训练及手眼协调能力，并且能让孩子从小就养成独立思考的习惯。

第六部分：让心灵与身体一起健康成长

- 健康的身体从四肢开始
- 玩耍使宝宝的肢体动作更协调
- 帮助宝宝戒掉依附心理
- 让宝宝成为一个大写的"人"

健康的身体从四肢开始

看着宝宝一天天地长大一天天地进步，是作为父母最值得骄傲的事情，也是父母最大的喜悦！然而，从宝宝学习坐、站立、走路，到最后行动自如，需要很长的一段时间，很多 80 后爸妈也随之产生许多的烦恼和疑问，在新的教育理念与传统的教育方式发生冲突的时候，父母往往会觉得无所适从。因为不了解孩子的四肢发育过程，不知道什么时候宝宝应该学会坐、什么时候应该学会爬、什么应该学会走路，宝宝的动作大概是在什么阶段有什么样的表现等等，对这些问题的一无所知导致了父母的手足无措。

在宝宝 4 岁以前，他们的肢体发展具有一个循序渐进的过程，这个阶段宝宝刚开始使用自己的四肢，并且慢慢地拥有各种能力，这个时候宝宝对世界充满了好奇心，活动范围也逐渐增大。当他们的四肢发展还不够成熟的时候，可能会出现各种状况，爸爸妈妈需要有更多的耐心接受宝宝惹出的各种事端，帮助宝宝发展他们的四肢能力，因为健康的身体从四肢开始。

当宝宝四个月以后，基本上就已学会翻身，七、八个月大的孩子开始学会爬行，他们靠着自己的四肢行动，大约会持续一两个月的爬行时间，多练习爬行可以帮助宝宝身体协调能力的发展。我们不必让孩子太快从爬行阶段跳到走路阶段，有的父母可能会提前让孩子练习走路，认为孩子走路走得早是一件令人骄傲的事情，殊不知这样做恰恰不利于孩子四肢的发展。孩子经过一段时间的爬行，手脚并用可以刺激左右脑互用，因此，让孩子经历这一个爬行阶段是很有必要的。

当孩子在 11 ~ 13 个月大时，基本都已经能够独立行走，或许并不是特别稳，但父母也不能因为怕孩子摔跤，就常常抱着他，这样反而会造成孩子的耐力和张力都不好。应该鼓励孩子自行走路，培养其肌肉张力与平

衡感，也可以和孩子多做一些走路的活动。

慢慢孩子会越走越稳，因为他们的平衡感越来越强，等到了1岁半以后就可以开始进行爬楼梯的锻炼了。但是我们经常能看到在平路上父母都会让孩子自己走，但是一旦要上下楼梯，他们就会把孩子抱起来，或许是怕孩子累也可能看孩子走得并不是特别稳怕他们摔跤。但爬楼梯可以锻炼到孩子的大腿肌肉，对于他们以后跑步、跳跃都会有帮助。如果不让孩子进行锻炼，对他们以后四肢的发展也会有障碍，甚至他们心里对父母会产生更强的依赖感。

在2岁以前四肢得到充分锻炼的孩子，他们的平衡感和四肢肌肉的发展都要比没有经过锻炼的孩子要强一些，这样他们就能进行更多的户外活动，从而更有利于他们的身体健康。到了2岁以后，孩子基本上都能跑能跳了，父母可以带孩子多到公园玩耍与游戏，让孩子玩滑梯、进行攀爬训练，或仅仅是牵着孩子的手让他开心地蹦蹦跳跳都可以。孩子都是活泼好动爱玩的，如果你要求这个年纪的孩子"乖乖坐好，别到处乱跑"，都是不现实也不合理的事情。可能有一些比较好静的孩子，父母就应该多鼓励他们参加一些体育活动，甚至可以陪着孩子一起唱唱跳跳，孩子才会强健体魄、增加抵抗力。

随着孩子的长大，他们可以玩的东西更多，除了简单的跑跳之外，也可以借助于一些器材来增加孩子进行四肢锻炼的兴趣。比如骑自行车、走平衡木等，看着很简单的事情，但其实孩子的四肢都得到了锻炼。如果孩子想去玩什么健身器材，父母不用过多阻止，在安全的前提下，可以让孩子自行去玩，父母在旁边稍微看护即可。

提高动作的灵活性和协调性

什么是协调能力？孩子的动作看上去总是那么笨笨的，我们怎么才能提高他们动作的灵活性和协调性呢？

　　小咪好久没有带小小咪出去呼吸新鲜空气了，趁着这天休息正好有空，就带着小小咪去附近的一个公园玩。小咪看到有乒乓球台就兴致勃勃地跑过去想练一下手，顺便还可以教一下小小咪，培养一下小小咪的兴趣。小咪教小小咪发球，可是小小咪总是把球扔了好久以后再用拍子去接，就总也接不到了。

　　这就是因为小小咪的动作还不协调。协调能力是各个神经系统互相协调出来的动作，如果某两个地方的衔接慢了半拍，就会出现像小小咪这样慢半拍的情况。还比如说过马路的时候，我们需要视觉与肢体之间的协调能力，我们要看一下马路两边是否有车辆行驶，这是人们自然而然的反射动作，如果在这个时候还要特意提醒自己车辆开得离自己很近了，再犹豫是否要躲闪，那就很危险了！

　　一般情况下，宝宝只要能吃得好、睡得好，并且可以和父母快乐地玩游戏，他的灵活性和协调性的发展是没有多大问题的。但是，有的孩子玩得不够，或者因为生活在大都市，缺乏活动的空间和游戏的伙伴，他们的灵活性和协调性就会差很多。因此父母需要给孩子提供一个可以让他们能尽情活动的场所，我们可以在家里给他们空出一块地方，让他们可以自由、安全地活动身体，或者经常带孩子去公园跑跑跳跳、去游乐场玩游戏等等，让孩子尽可能地舒展自己的手脚。

　　其实，当宝宝还孕育在妈妈肚子里的时候，他们的大脑就已经开始发展前庭系统和触觉系统，在宝宝出生后，外界就开始给他们输入大量视觉、听觉、触觉、味觉等感官上的刺激。但孩子对自己的身体是不熟悉的，他们的特性也还没有完全发挥出来，新手爸妈因此就不知道应该如何培养孩子了。**其实4岁以前的孩子最重要的任务就是玩，父母最重要的工作就是陪孩子玩，在这个玩的过程中孩子的大肢体动作基本上就能发育完成，如坐立、翻身、爬行、走路、跑步及跳跃等。**通过玩耍，孩子能活动到身体的各个部分，从而更熟悉自己的身体，对于肢体的掌控力才能更好，使自己的动作更灵活、更协调。

曾经的小咪就是个很好的例子。她的父母本身就比较重视智能的发展，那个年代的父母都比较看重学习成绩，因此小咪从小就被教育要乖、要文静，不能浪费时间在游戏上。她也曾因为贪玩而父母重罚过，这就导致她只重视学科学习，而体育锻炼严重缺乏，就连简单的课间操也不如别人做得协调。有一段时间，小咪因此而变得很没有自信。

就是因为小咪小时候家里的教育方式不对，所以对自己身体的掌握能力比较差，一直到上了大学后才有所改善。其实小孩子一直要到 3 岁眼睛才会对焦清楚，所以父母不必太着急让孩子学着识字、念书，等到孩子上学后再学习这些书本上的知识也不迟，在学龄前最重要的还是让孩子充分玩耍、活动身体，我们的目的不是让孩子认识多少字，而是开发孩子学习的潜能。在孩子小的时候，让他们接触各样的事物，从他们自己的视、听、触觉中去感受这个世界，从而扩充他们的生活体验。让孩子从事各种活动，孩子身体各部分动作的灵活性和协调性才会更好，当左右脑都一起工作的时候，智力才能得到更好的发展。

如何增强手眼协调能力

在很多儿童成长早教的课程中，都很重视宝宝手眼协调能力的发展培养，因为无论是单纯的眼的活动还是手的活动，对宝宝的成长而言都没有特别重要的意义。只有当手眼相互协调活动的时候才能真正有效地帮助宝宝各项能力的全面发展。由此我们可以看出，手眼协调能力的发展对推进宝宝的运动能力、智力水平和行为动作起着相当重要的作用。

但是并不是每一个孩子手眼协调能力的发展都一样，这与他们所处的环境和父母给予的教育及训练都有着密切的联系。训练宝宝的手眼协调能

力越早越好，父母应该积极地给孩子创造条件，在孩子的每一个发育阶段，充分地去训练宝宝抓、握、拍、打、敲、捏、挖、画等动作，让宝宝成长为一个手眼协调、眼疾手快的聪明宝宝。

在对宝宝进行一段时间的视觉感官练习以后，五个多月大的宝宝基本上就能够比较准确地去抓或拍打玩具了。但这个阶段的宝宝抓东西主要还是靠手掌，不能分开拇指和其他四指，更不用说用拇指和食指捏起东西这种精细动作了，因为这个时候宝宝的手眼协调能力还不是很好。

在小小咪还小的时候，就能自己拿东西吃了，有时候小咪给她切好了用一个小碗装着放到小小咪前面，小小咪就自己拿着吃。但有一次，小咪把一盒小馒头放在小小咪面前，想让她自己拿着吃，结果小小咪一个也没吃到，反而把盒子给打翻了。

这就是因为小小咪虽然已经能进行简单的抓握动作，但对于小馒头那一类比较小的东西，她还不足以灵活地使用自己的拇指和食指，手眼协调能力也还没有得到很好的训练。

为了帮助宝宝练习抓东西的能力，在开始的时候，我们可以让宝宝坐在妈妈的腿上，然后妈妈坐在桌前，并在桌子上面放一些宝宝喜欢玩的玩具，让宝宝自己去抓。如果宝宝能顺利地抓住，我们就可以改变一下宝宝和玩具之间的距离，以游戏逗乐的方式让宝宝高兴地进行抓握的训练。在选择玩具的时候我们要注意一点，玩具不能太大，太大了宝宝也抓不住；但是也不能太小，太小的玩具对于手指精细动作不是很熟练的宝宝来说也有一点难度，而且还要注意不要让宝宝把玩具吞到嘴巴里，以免发生危险。

而且在那一段时期，宝宝也很喜欢撕东西，有时候没注意放到他旁边的一点卫生纸都能被他们撕得粉碎。因为撕纸对锻炼宝宝的手指运动有好处，所以我们可以找一些干净的白纸或卫生纸，让宝宝撕着玩。最好是白纸，撕起来有声音的话，更能激起宝宝撕纸的兴趣。但要注意不要给宝宝报纸或其他印有字的纸，这样的纸让宝宝撕习惯以后可能会养成他们撕书的毛病。而且宝宝小的时候喜欢通过嘴巴来感受外界的事物，一旦宝宝把

那些有油墨的纸吃到嘴巴里也会影响他们的身体健康。

差不多进行一个月的锻炼，宝宝六个月以后，他们的手指运动能力就可以稍微增强一点了，而且他们的兴趣已经从自己的动作转移到外界的事物去了，他们开始变得喜欢扔东西。这个时候很多人都以为宝宝是故意捣乱，不听话，其实这也是宝宝智力健康发展的一个必经阶段，我们只需要给宝宝准备一些不容易摔坏又方便宝宝抓取的小玩具，放在宝宝身边就可以了。我们在选择玩具的时候也可以选择一些体积比较小的，这样同时还能锻炼宝宝的手眼协调能力，只不过父母必须守在宝宝身边，以防止他们把细小的玩具放进嘴里，吸进喉咙里。

训练动作的准确度

古语有云：七坐、八爬、九发牙。这一说法体现了宝宝的一个成长进程，当宝宝的动作发展越来越精细、越来越复杂时，他们自主独立的意识也会越来越明显。想要训练宝宝"脚踏实地"，能够平稳地迈开步伐向前走或者准确地做出其他动作，那么父母就应该适时地放开手，和宝宝一起"齐步走"，训练宝宝动作的准确度。

当宝宝企图挪动身体或双脚去他想去的地方，活动范围变大时，就是宝宝"长大"的象征。站立与行走，是幼儿发展的大动作项目，一般来说，1岁左右的幼儿基本已经会行走，但受到先天肢体发育和生活环境等因素的影响，幼儿学习走路的时间不等，并没有一个固定的时间。只要孩子能逐步发展，父母就不必太担心他们学习走路的快慢。总的来说，只要没有任何健康问题，绝大部分孩子在周岁时就能够独自站立。站立可以说是宝宝学习行走的基础，在学步初期也许宝宝就像是喝醉了酒一样摇摇摆摆，但只要经过反复练习，让宝宝学会让身体的重量平均分布在两只脚上，就能越走越稳，大约在15个月时，就能平稳地独立行走了。

在宝宝步伐还不够稳的学步初期，就想让他们能够依靠两只小脚来承

担全身的重量，并不是一件容易的事，任何会增加重量阻碍宝宝活动力的因素，都是非常沉重的负担，比如冬天衣物过多或本身体重过重，孩子都会因为行动不便而没有学步的意愿。对宝宝来说，任何动作的训练，都应该在轻松愉快的环境下进行，如果总是以逼迫的形式勉强学习，会让宝宝觉得任何学习都是一件"苦差事"，从而降低学习兴趣，甚至就连走路也不愿意学。

虽然说一些大动作的发展是孩子神经系统发育成熟后的本能行为，但从生活中观察宝宝的发展，爸爸妈妈还是可以就孩子的大动作发展进度，为宝宝进行动作的准确度训练。我们就以走路为例，让宝宝轻松学步！

在宝宝练习走路之前，父母尽可能先将孩子等会儿可能会经过的路线自己先试走一次，移走那些可能会给宝宝带来伤害的障碍物，确保练习的安全。然后应尽量选择在着装较少的春秋季进行，避免冬天裹上过多的衣物或者夏天穿得太少而摔伤。

还有的父母为孩子选择了学步车这类的学步工具，但有的学步车设计得并不科学，没有高度升降，有的宝宝还够不着地面的时候就用学步车进行学步，导致了他们日后都还习惯踮着脚走路。所以宝宝最好的学步工具就是家里的墙壁，让宝宝双手平举轻靠在墙面上移动，就能帮助宝宝正确练习平衡感了。

为了让宝宝更实际地体会学步的技巧，在确定地面是干净且平坦的同时，我们也可以让宝宝的小脚丫与地面来个亲密接触，不需要穿鞋袜，让宝宝的脚掌与地面直接接触，施力于地面。当宝宝的行走能力慢慢成熟以后，爸爸妈妈要松开手，放手让宝宝自己去走，与宝宝相隔一定的距离，适时地给予宝宝鼓励，邀请孩子向自己这方走来，以建立宝宝的自信，让他们乐于练习。

不管是宝宝的大动作训练还是精力动作训练，不管是放任发展还是依靠学习工具，都或多或少有能够挑出毛病的地方，任何动作训练技巧，都远远比不上父母的细心指导与贴心陪伴。在训练孩子动作的准确度时，并不需要特别昂贵的工具，也不用特殊的教育方法，只要注意安全，付出一定的耐心，孩子自然能踏稳每一步。

视觉、听觉、触觉、味觉、嗅觉，一个都不能少

现在都是独生子女家庭，每一个家庭都希望自己家的宝宝不落在别人的后面，正因为如此，很多收费颇贵的早教机构打着"开发幼儿潜能"的旗帜应运而生。但并不是所有家庭都能承担这样的花费。其实不一定非要带孩子去所谓的机构学习，如果能与孩子进行各种潜能开发的亲子游戏，一样可以达到激发孩子潜能的效果。但如果决定要让孩子去学习相关课程，父母必须弄清楚自己孩子的发展状况，并尊重孩子的意愿才不至于拔苗助长。

根据不同的发展阶段，孩子所需的感官刺激也不一样，父母应该了解自己的孩子发育到了哪个阶段，具备了什么样的能力，然后再进行适当的教导、进行适当的活动。但这些活动应该以孩子的喜好为主，切忌以自己的想法决定孩子应该进行哪方面的训练，应带着孩子多听、多尝试，孩子才能在和父母的游戏过程中快乐的学习、成长！

幼儿3岁的时候大脑就已经基本上发育完成，因此，有俗话说3岁看老，这前3年可以说是孩子发展的黄金时期。1岁前的宝宝由于动作能力发展还不是很完善，所以还不能完全独立行动，在心理发展层面上也还处于依附父母的阶段，因此父母的角色要主动多于被动。父母要主动给孩子提供感官系统的刺激，而不是靠爷爷奶奶或是外人，更不能依靠没有生气的玩具或教具。这时期的幼儿需要有好的依附关系，有了好的例子体现，孩子才会更相信父母，从而更有勇气去探索这个未知的世界，及具备良好的情绪调节能力。所以1岁前的幼儿除了玩玩具外，更重要的是要加强与父母身体接触的感官刺激，包括视觉、听觉、触觉、味觉、嗅觉，一个都不能少。

1岁前的幼儿视力发育并不成熟，是名副其实的大近视，但是他们又特别喜欢看人脸，尤其是父母的脸像和脸部的动作表情。他们喜欢看黑白的线条，偶尔也喜欢看一些彩色图片，或者是看着自己的小手不停地挥舞。视觉是孩子发展高层次能力的重要感觉系统，未来认识周围的事物或视觉

运动的协调能力，都需要有好的视觉能力。视觉刺激训练对婴儿来说是很重要的，因为婴儿喜欢新鲜的东西，所以我们可以经常改变一下孩子生活的室内环境，比如在婴儿床边经常变换着挂一些色彩不同、生动有趣的玩偶。但变换的程度不要太频繁，适当地给孩子留一些孩子所喜爱的玩具以让他保持熟悉感。

经常拿一些玩具或日常生活中一些简单用品给孩子看，并告诉孩子应该如何玩或如何使用，将宝宝的视觉与听觉联系起来，便能更好的发展宝宝的视觉能力，同时也能锻炼宝宝的听觉能力。

同时，加强对孩子的听觉刺激，能使宝宝学会辨认他所处的环境中的多种声音，并借此掌握大人的语言。婴儿期是孩子语言发展的最佳时期，加强听力训练便可以增进孩子的语言与认知能力。多和孩子说话，他们就能从父母说话声音的高低或语气中去感受父母的心情，当父母声音稍大或语气不善时，孩子们就会知道父母生气了。爸爸妈妈可以从小就给孩子讲故事，通过这一过程，给予孩子听觉刺激。孩子在具有了听力之后，就会想要不停地听，听到各种不同的声音，只要在他的听力范围内，就能在他的耳内产生听觉并传入他的大脑,同时还会对不同的声音做出不同的反应。

对于三个月以内的孩子，妈妈可以每天给孩子唱歌、讲故事或者进行一些日常的对话，或者是给孩子听一些比较优美的轻音乐，不需要太大的声音，能让孩子听见即可。而且父母在讲故事的时候语调要柔和、语速要缓慢，比如说："宝宝，你睡醒了吗？还要睡吗？不睡的话要不要听妈妈讲个故事？"

经过两到三个月的训练，宝宝就已经能将听觉和视觉结合起来了，听到熟悉的声音他会把头转向发音的方向，寻找声源。其实这就是孩子智力活动的进步，父母应该多给予孩子这样的训练。父母可以有意识地走到孩子面前，逗孩子注视自己的脸或手中的玩具，然后换到另一侧，逗引孩子的视线随着父母而转移。同时父母应尽量用轻声细语对待孩子，不要整天扯着个大嗓门。

有的父母还经常反映自己家的孩子脾气不好，经常容易被惹怒，或许这就是因为父母在孩子小的时候与孩子身体接触太少。因为触觉是最早发

育的感官系统，也是最能稳定孩子情绪的感觉刺激，丰富的触觉刺激对宝宝智力与情绪的发展都有着重要的影响。从小，父母就可以多抚摸孩子、抱抱孩子、给孩子进行按摩，通过父母的拥抱或抚摸，宝宝可以获得满足感和安全感，可以体会到父母对他的爱，从而便于稳定情绪。而且，触觉是宝宝出生后用来认识世界的主要方式，通过不同的触觉探索，更有助于促进宝宝的动作发展。

除了大家认为比较重要的视觉、听觉和触觉以外，味觉和嗅觉也是相当重要的。孩子在妈妈肚子里第二个月的时候嘴巴就开始发育，一直到四个月的时候，宝宝舌头上的味蕾就发育完全，能够在妈妈肚子里津津有味地品尝羊水了。宝宝一出生就拥有了已经发育完善的味觉，但我们依然要给予宝宝一定的味觉刺激训练，一出生给予宝宝的第一个味觉刺激就是母乳，如果不能给予孩子其他的味觉刺激，便容易导致宝宝偏食。

为了刺激孩子的味觉发育，在宝宝能够添加辅食的时候，就应该给予孩子多元化的食物，酸、甜、苦、辣都尝试一下，不需要吃太多，沾一下菜汤让宝宝品尝一下菜汤的味道以刺激他们味蕾的发展即可。

同时，在宝宝出生的时候，他们的嗅觉也已经相当灵敏了，那时他们就能分辨出自己妈妈的奶味以及妈妈身上的味道。即使他们没有睁开眼睛，只要抱到妈妈怀里，吵闹的宝宝也会立即变得安静。但是虽然他们已经拥有了非凡的嗅觉，我们仍然需要继续锻炼他们的这项本领以免退化。我们可以偶尔给宝宝闻一下有一点刺激性气味的物品，比如醋等，在给他们闻的时候告诉宝宝都分别是什么物品，这样他们以后就能根据自己的嗅觉分辨出物体的种类。

消除孩子的依附心理

许多妈妈可能都有这样的经验，只要一离开宝宝，宝宝马上就会哭闹起来，但一直带着孩子自己却又什么事都做不了。尤其是在送孩子上幼儿

园这个阶段，孩子的这种表现更加明显。

小小咪的班上有一位"小不点"同学，之所以叫"小不点"一个是因为她本身长得就比较小，再一个她心理年龄生理年龄都很小。每天上幼儿园的时候，"小不点"总是眼泪汪汪地与妈妈告别；快到幼儿园放学的时候，"小不点"不会和同学们一起走出教室活动，而是等着妈妈进去接她。平时在幼儿园的时候，"小不点"的妈妈也会经常去看看她，送点好吃的或是"小不点"喜欢的布娃娃。总之，"小不点"就是在她妈妈的精心呵护下长大的，在家里从没受过一点委屈，所以也就习惯地依附于妈妈了。

像"小不点"这样的孩子就有非常典型的依附照顾者心理。这种孩子一直都被妈妈照顾得无微不至，从来不需要自己思考问题，没有自己的主见，什么事情都依赖于别人。这种孩子一般都缺乏自信，他们觉得自己不能独立，愿意从属于别人，什么事情都听别人的安排，小时候的衣食住行靠父母，以后学业、职业的选择也想依靠父母或他人决定，从来不愿意自己独立思考问题。

就是因为在孩子的早年成长期，父母对孩子过分地溺爱，并且鼓励他们依赖父母，不让孩子有长大和自立的机会，长时间这么下来，孩子的心中已经萌生了父母的话就是权威的心理。这样他们长大后更加不能自主，并且没有自信心，不敢提出自己的意见，总是依靠别人来做决定，他们将不能承担起独立进行选择或做决策的任务和工作，形成依赖性人格障碍。

为了让孩子能健康成长，我们应该尽早地采取措施帮助孩子摆脱这种依附心理。

首先帮助孩子改掉这种习惯。依附心理的依赖行为是一种习惯行为，想要帮助孩子摆脱这种行为，首先我们必须破除这种不良习惯。作为父母应该检查一下自己的行为中哪些是习惯性地帮助孩子去做的行为，哪些是孩子自己决定的。对于孩子自主意识强的事情，在不违反原则问题的情况下，我们应该尽量尊重孩子的意见。比如他们想自己穿鞋，他们想自己选

择要穿的衣服，他们想给家里打扫卫生等，以后都要坚持下去，不要因为怕孩子把家里弄乱，怕孩子穿得慢耽误时间，怕孩子过于注重打扮而强迫他们放弃自己的想法。这样的事情看上去只是小事，但这样的小事正是帮助宝宝摆脱依附心理的突破口。

孩子的依附心理并不是很容易就能够消除的，一旦形成了习惯，我们会发现想尊重孩子的决定很困难，可能一不小心就替孩子做了决定或者不注意就把自己的思想加给了孩子。为了防止这种现象的发生，最好的方法就是爸爸妈妈互相监督。

其次在摒弃一些不良习惯的前提下，帮助孩子重新建立信心。以后尽量减少对孩子说一些有不良影响或打击孩子自信心的话，比如说："你真笨，这也做不出"或者是"你真没用，这都不敢去和老师讲"等，把这些仔细地整理出来，进行重构，认真想一下以后应该如何与孩子沟通，如何才能激发出孩子的自信心。

最后要帮助孩子增加勇气，可以选择一些孩子从来没有做过、略带一点挑战性的事情做。比如每天到幼儿园门口以后自己走进教室；或者能自己到邻居家串门；或自己主动去和小朋友玩游戏。把孩子以前都不敢做的事情或者一直由父母代劳的事情都让孩子自己尝试一下，慢慢他们会发现不需要依靠父母自己也能做得很好，由此拾回自信心而变得不再那么依附于父母。

孩子占有欲强就是天生自私吗

又是周日，小咪带着小小咪去游乐场玩。小小咪一眼就看中了那个可以用按钮控制的发声的玩具，在那玩得不亦乐乎。这时过来了两个小哥哥，他们也想玩，但是不管小哥哥们按哪个按钮，小小咪总是一把推开小哥哥的手，不让别人玩，后来干脆整个人趴在那个控制台上，用自己的身体占住了所有的按钮。看到小小咪爆发出如此强大的占有欲，小咪都诧异了。

很多孩子都像小小咪这样认为天底下只要是自己喜欢的东西都是自己的，好吃的只能自己吃，好玩的只能自己玩，就算是在公共场所，只要他们看中的东西就不允许别人碰一下，"小气"、"自私"是很多大人对这种孩子的评价。孩子占有欲强是天生的自私吗？孩子真的是自私吗？为什么孩子会变成一个小气鬼呢？

其实自私只是人类众多情感当中的一个正常现象，这仅仅是因为人的天性而造成的。在人类漫长的发展过程中，自私在一定程度上维持了个体的生存和发展，所以，自私在孩子的个体发育过程中是一个必经的阶段。

孩子的自私心理与他们自我意识的发展有着非常紧密的联系，随着他们自我意识和认知能力的增强，他们逐渐学会区分"你的"和"我的"，并开始出现了占有欲，产生自私心理。这个时期的孩子只从自己的角度考虑问题，在他们的意识里一切东西都是"我的"，绝不允许别人碰。正是由于这种以自我为中心的思想，使得孩子在与其他小朋友接触的过程中不懂得分享，什么事都只考虑到自己，只要是自己想要的东西都认为是自己的，因此而出现了抢夺的现象。

同时，现在的独生子女家庭模式和家里长辈错误的教导方式更加助长了孩子的这种自私心理。他们在家里处于中心地位，没有与同辈相处分享物质的生活体验，再加上家里长辈的过分宠爱，对孩子的任何要求都有求必应，养成了孩子喜欢独自占用的习惯，导致他们不会处理自己与其他小朋友的关系，一旦有了利益冲突就会表现出自私的一面。有的家长甚至还纵容自己孩子的这种心理，当孩子与其他同伴发生冲突的时候，一味地偏袒，从而失去了帮助孩子消除自私心理、学会分享的好时机。但是也不要在孩子出现自私行为的时候只知道呵斥，强迫孩子把东西与别人分享，有的孩子害怕父母的责骂可能会暂时地妥协，但在父母不注意的时候又马上把东西抢回来，有的就干脆用哭闹来进行反抗，最后父母也没有办法，只好不了了之。

作为父母就应该通过言传身教、以身作则，给孩子树立好榜样。

如果孩子看到自己的爸爸妈妈在招待朋友的时候非常热情，那么他们在邀请小朋友来家里玩的时候，也会愿意把自己的东西都拿出来和小朋友一起分享，热情款待自己的伙伴。所以身为父母就应该多注意平时对待朋友、邻里之间的态度，力所能及地帮助别人，如果孩子也能参与的话，尽可能多地让孩子也参与进来。比如说在公交车上，教育孩子学会给老人让座，那么孩子便会在父母的行为中体会到分享与帮助他人的快乐。

每天在父母的耳濡目染下，随着孩子年龄的增长，他们会慢慢地除掉以自我为中心的习惯，会逐渐学会与人分享，学会利他行为。

帮助宝贝克服恐惧心理

"妈妈，我不想一个人睡一间房，太黑了，我害怕！" "我不想要妈妈再生个弟弟，因为妈妈以后就不会喜欢我了！" ……很多类似这样的事情都会让孩子觉得恐惧，尤其随着孩子年龄的增长，令他们觉得恐惧的事情可能会越来越多，那我们应该如何帮助宝宝克服恐惧心理呢？

小咪第一次把小小咪带到办公室的时候，她紧紧抓着妈妈的衣服不放，两只眼睛好奇地盯着周围的新环境和新面孔。小咪的同事看到她都热情得跟她打招呼，可是小小咪只会害羞地低下头，不敢和别人直视。过了一会儿，小小咪坐在妈妈身上便开始问东问西，指着妈妈桌上的一些办公用品问："这是什么呀？"看到办公室好多新奇的东西便一个劲地问，慢慢地与新认识的阿姨也熟悉起来，表情也越来越丰富，甚至可以开心地和别人说话了。

3岁左右的孩子开始慢慢地学会用他们的小脑袋来理解周围的事物，他们思考问题的能力也变得越来越有深度、越来越复杂。他们不仅开始理

解大人所说的话，也开始意识到其他陌生人的存在。所以，当孩子对世界的认知逐渐形成的时候，他们也开始对一些日常生活的事件感到恐惧。不仅仅这样，有时候他们还会因为一些事情而觉得丢脸、嫉妒和厌恶。

当孩子产生恐惧感时，往往会觉得不安、紧张和害怕。过多的恐惧感会让孩子产生更多的不安，变得没有自信，从而对很多事情采取逃避的心态,所以,父母应该对孩子的恐惧做好适当的处理,帮助宝宝克服恐惧心理。

一般来说，不到4岁的儿童比较容易对黑暗、鞭炮声（较大声响）感到害怕。怕黑是比较普遍的恐惧，没有什么特定的方法可以帮忙，最有效的方法就是给孩子装一个形状可爱的小夜灯。值得注意的是父母不要因为孩子怕黑而取笑孩子，这样对孩子来说是最残酷的。当发现孩子觉得害怕的时候，父母应该鼓励孩子把他们害怕的事情讲出来，耐心地倾听，对孩子给予支持并加以解释，切忌以怒骂或耻笑的方式对待孩子，或者只是简单地说：“这有什么好怕的，小事而已，你怎么胆子这么小？”如果能适时地告诉孩子自己有时面对这样的情况也会产生恐惧感，但是凭着坚强的毅力，我们就可以克服这种恐惧心理，这样孩子会比较容易接受。

除了这些自然现象，还容易让孩子有恐惧感的就是与照顾者的分离。在他们很小的时候，孩子会害怕与他朝夕相处的人离开他的视线，再大一点他们会担心你出去以后不再回来。这时的父母就应该在要离开孩子的时候跟孩子再三确认保证，与孩子说明自己离开是因为什么样的事情，要去多久，什么时候能回来。比如说，可以跟小小咪说：“妈妈一会儿要上班去了，要到晚上六点钟才能回家，现在先送你去幼儿园，然后等到下午四点钟的时候奶奶会去幼儿园接你，你回到家先玩一会儿，等到六点左右妈妈就回来了，然后我们再一起吃饭，吃完饭我们可以出去散会儿步。”有了这样详细的日程安排，小孩子就会觉得比较安心，虽然他们对时间的概念不是很清楚，但也能有个大概的理解，妈妈是去上班了，下班回来就能在一起了。

我们不要以为小孩子只会无理取闹，其实只要我们事先和孩子进行沟通，他们就不会在父母即将离开的时候进行吵闹，安抚了他们不安的情绪，就能逐渐消除他们的恐惧心理。

孩子说谎不是故意的

小宝宝稚嫩的语言总是能给爸爸妈妈带来很多惊喜，也给家里带来了很多的乐趣和欢笑。但是当宝宝说谎话的时候，带给父母的是更多的惊讶和不安。为什么孩子会说谎呢？

我们首先要了解一点，3岁以下宝宝认知能力的发展会影响他们的语言能力，这个阶段的孩子会因为某些原因而说出一些"夸张"或让人"哭笑不得"的话语，但这并不是在说谎。如果父母能明确地了解宝宝说话背后的原因，就不会误解宝宝在说谎了。

随着小宝宝开始会说话，他们的认知能力逐渐发展成熟，到了三四岁语言表达能够比较准确的时候，宝宝就会有说谎的行为发生，这也是孩子发展过程中会正常出现的现象。当他们说出那些不实的话时，其实背后隐藏着一些需要被关心和关注的心情和意愿，并没有大人想象得那么严重和复杂。

比如说宝宝不小心把桌上的牛奶打翻，又害怕被处罚，所以当你问他是谁弄的时候，他会不敢承认，便推脱是别人弄翻的。其实这个时候宝宝只是因为心里充满了害怕被处罚的压力，才会一时说了谎话。如果父母知道宝宝在说谎，这个时候也不要轻易动怒，也不要直接指出宝宝是在说谎，可以思考一下应该用什么方法帮助和鼓励宝宝学会勇敢地承认错误。所以可以婉转地跟宝宝说："妈妈知道把牛奶打翻的人一定不是故意的，只要他愿意承认，妈妈一定不会惩罚他，反而会表扬他，因为他是一个诚实的人，妈妈最欣赏诚实的孩子。你知道是谁打翻的吗？"通常这个时候宝宝经过一番短暂的思考后都会勇敢地承认，宝宝承认了错误之后，父母就更不要批评他了，可以表示因为孩子的诚实所以不会惩罚他，只是要他以后要小心一点，不要让孩子因为害怕而增大和父母之间的距离。

还有的时候宝宝在玩了玩具以后没有收，妈妈问他怎么玩完了不收拾

呢？是你自己的玩具吗？宝宝会回答不是他的，是"喜羊羊"的。这个时候妈妈应该怎么说呢？其实宝宝只是不想自己去收拾玩具，这时候妈妈不用跟孩子去争辩玩具究竟是谁的，这样反而会模糊训练孩子收拾自己的东西、负责任的焦点。妈妈还是要坚持让宝宝自己把玩具收完，可以跟宝宝说："这些玩具不是喜羊羊的，是你自己的，刚刚是你拿出来玩了的，所以你得自己收拾。如果你不能把玩具收好，那么以后妈妈就不能把玩具给你玩了！"要让宝宝养成为自己的行为负责任的习惯。

在教育宝宝的同时，父母还要注意自己有没有在孩子面前说谎，因为父母的行为对宝宝的影响是最大的。如果父母在孩子面前说话不算数，不仅失信于孩子，而且还会让孩子觉得说话可以不算数；如果父母曾经因为一些事情而教过孩子说谎，那么孩子便会觉得说谎是可以被允许的；如果父母犯了错，但并没有道歉，会让孩子觉得做这些错误的事情也是被允许的。

所以父母在发现孩子说谎的时候，也要反省一下自己平时对宝宝的态度和期望是否是正确的。其实宝宝说谎，爸爸妈妈不必急着生气处罚，也不用和宝宝过多地争辩而模糊焦点。只要多花点心思，弄清楚孩子心里在想什么，他们说谎的动机是什么，就能够很好地处理宝宝说谎这一问题。用积极的态度看待宝宝说谎，和宝宝建立正面的互动，以后就不会因为宝宝说谎而伤脑筋了。

可怕的孤独

小小咪因为生病了，所以不能去幼儿园，只好一个人闷在家里。下午的时候，她感觉特别无聊，在家里无精打采的，就连最喜欢的玩具也不能吸引她。偶尔听见外面有路过的小朋友的声音，她就立即感觉像有劲了一样。

从孩子的角度去看，在家里休息或者是给他任何好玩的玩具都远不及被同伴喜欢来得重要。每一个孩子可能都会有这样的时候，有时候妈妈把他从幼儿园接出来，他会跟妈妈说："幼儿园没有小朋友和我玩，他们都不理我。"或者有时候在家里会整天都缠着妈妈，因为没有兄弟姐妹也没有朋友，他们会觉得很孤单。如果孩子总是有这样的感觉，那就出现问题了。

不能好好和别人相处，不能很快融入群体的孩子每天都会接受新的考验，如果孩子不合群，他可能会受到其他小朋友的欺负和嘲笑，在玩游戏的时候也没有其他小朋友愿意和他一组。这是孩子所遇到的一个很严重的问题，如果不能得到改善，长此以往，孩子就会越来越觉得孤独，跟别的小朋友也会越来越疏远，甚至会因此失去自信心并且失去对未来的希望。

那些不合群的孩子通常都是一些行为表现与同龄小朋友不同的孩子，由于长期的孤独感让他们不知道如何去融入其他小伙伴的群体，不知道其他小伙伴们期望的是什么，熟悉的游戏方式是什么，也意识不到别人会如何看待他的行为。换句话说，那些不合群的孩子没有什么人际交往的能力，但别的小孩子并不知道这些，只知道那些不合群的孩子不如他们那样懂得玩耍，也不知道要遵守游戏的规则。不合群的孩子在加入游戏后仍然一如既往地按照自己的方式行事，这样就显得与其他伙伴格格不入。

尽管对孩子来说不受欢迎或受到伙伴的排斥显得很残酷，但是专家认为只有这样才会引起父母的重视。当发现自己家的孩子不受别人欢迎的时候，一定要认真地对待这个问题，不要觉得无所谓。多观察一下孩子与其他小朋友相处时的情形，尽量弄清楚自己的孩子多久才会出现一次异于其他小朋友的表现，或者关注孩子疏远别人的频率。如果发现孩子与其他小朋友确实很难相处，经常受到别人的排挤或者孩子宁愿自己待在一边也不愿意和那一群孩子去玩，那就应该引起重视了。

父母可以经常邀请孩子的同学到家里来玩，或者带孩子经常到外面走走，去别人家串串门，多与人交流。多带孩子到一些小朋友聚集的地方去玩耍，让孩子与别的小朋友多接触。在孩子与别人相处的时候，多观察一下孩子的行为，然后适时给孩子提出应该如何与他人相处会更愉快。

当父母在身边的时候，可能别的孩子会对这个孤独的孩子要友好一

点，但要是没有大人在身边，他们还是会像以前一样不予理睬。所以，父母可以给孩子多报名参加一些集体活动，跟老师说明一下情况，多给孩子一些额外的照顾，让孩子多接触群体生活，学会与人相处，孩子就不会那么孤独了。

还有，当孩子与其他小朋友发生冲突的时候，作为父母，应该耐心地去倾听孩子的解释，和孩子一起分析问题，让孩子觉得父母永远是孩子最好的伙伴。只知道责骂孩子，反而会让他以后都不敢再去和其他小朋友一起玩，总是自己一个人，变得越来越孤独。

心灵就是一座炼金的熔炉，快乐就在其中，只要将其熔炼，快乐就会闪闪发光，我们要帮助孩子快点摆脱孤独，重拾快乐。

让孩子成为一个大写的"人"

自从上了幼儿园，小小咪变得越来越懂事了，也学会了越来越多的知识。每天放学回到家都会给小咪讲今天学了什么，还会考一下小咪。

有一天，小小咪学了一篇课文，特意背给小咪听，标题是"今天我来做爸爸"。"爸爸不在家，妈妈你别怕，我有小手枪，还有布娃娃，今天我来做爸爸……我来保护家……"听得小咪感动万分。

每一个家庭的孩子都是集万千宠爱于一身的，父母们辛苦一辈子都是为了自己的子女，从孩子出生一直到他们结婚生子，父母每时每刻都在替孩子操心。然而孩子们往往体会不到这些，所以老人们都说只有当他们自己有了孩子后，才能体会到父母的辛苦。但是父母为了孩子都是心甘情愿地付出，在生活中非常宠爱孩子，为了能给孩子提供优越的物质条件，宁可自己省吃俭用，也要让孩子拥有一切。但他们往往在精神上会忽略了孩子的需求，对孩子的情感和尊严缺乏应有的尊重。

现在新提出来的教育理念与这种传统的教育理念恰好相反，在培养孩子的过程中，现在更提倡要重视孩子的精神需求和对孩子人格的尊重，而生活上只要能解决温饱就可以了。

重视孩子精神教育的关键是父母如何看待孩子，首先是要让孩子成为一个大写的"人"，一个与父母一样的个体。是一个独立的个体，就要尊重孩子的人格。这么说，可能有一些家长会觉得难以接受，他们认为自己为孩子付出了那么多，可以说他们做的任何事情都是为了孩子，怎么能说没有尊重孩子呢？可是回过头来想一下，他们所做过的那些事，到底有没有把孩子当成一个独立的个体，一个有思想的人？比如有的父母动不动就打骂孩子、强迫孩子去自己不喜欢的兴趣班、经常对孩子冷嘲热讽，这些都是父母不尊重孩子的表现。

让孩子成为一个大写的"人"，家长就应该尊重孩子，尽量多用平等的语气和孩子讲话，少用命令或者贬低的话语。父母要把孩子当作独立的主体，在讲道理时要与孩子处在一个平等的位置上，不能因为你是孩子的父母，就强词夺理，而且拒不接受孩子的观点。即使孩子的想法真的错了，也应该耐心地引导、启发、讲道理，万不可拿出威胁的话命令他。在孩子说话的时候要表现出好奇、兴趣和热情，让自己真正理解孩子的想法，尊重孩子的决定，了解孩子的需要，与孩子的心灵无障碍交融，成为孩子的朋友，从而营造一个宽松的家庭氛围。

在把孩子当大人的同时，还要记得把孩子当成孩子看待，因为孩子是发展中的个体，他还不完善、不成熟，但他们具有强大的潜能，他们更需要被关心、被关注和被爱护，但并不是把孩子摆在至高无上的地位。**孩子在成长的过程中出现问题是必然的，这是一个自然而然的过程，没有问题就不会成长，孩子是在出现问题解决问题的过程中学习成长的。**而且有时候问题出在孩子身上，但是诱因却不一定是他们本身。父母应该客观地对待和处理孩子的问题，既不要过度地责骂也不要过分地为孩子开脱，尤其在对孩子的期望值方面不要强加于孩子。通常在日常生活中，父母稍不留神就可能剥夺了孩子的主人地位，轻视孩子的兴趣、选择，甚至会扼杀孩子的天赋才能，使孩子只能按照父母的期望与要求走一条和别人类似的道

路。所以，我们作为父母，应该尊重孩子、尊重他们的智慧、尊重他们的兴趣，把孩子当成一个大写的"人"，和他们一起在探索中前进。

让孩子的心灵强大

在日常生活中，我们常常可以看到两种生活状况迥然不同的人。一种人是每天风风火火，又忙家务，又忙孩子，又应付工作，又应酬于亲朋好友之间的交际，惦记着股市行情，盘算寻找一份第二职业，关注着房价动向和薪水高低，算计着如何赢得领导信任以谋个一官半职，如此等等。总之，他们是一副行踪不定、大忙人的样子。但是，他们实则是忙乱不堪的，他们经常制造噪音，并不自觉地干扰他人平静的生活。他们的办事效率是否很高、生活是否充实姑且不论，仅从客观上讲，活得累想必是他们想否认也否认不了的人生感受。

而另一种人，则与之截然相反。他们不但把家务和孩子料理得十分周到，井井有条，而且工作干得有条不紊，人际关系正常和谐。他们也不是不关心职称、住房什么的，甚至也可能与股票、第二职业之类的东西有关系，但是，他们却以高效的工作成绩、平和的人际关系和高超的生活艺术等，赢得了领导和同事的称赞。他们给人一种特别有条理、特别自信、特别轻松愉悦的感觉，其自身的内心感受，想必也大概如此吧。

不要以为，这都是成人的世界，其实孩子的身上也有这样的影子。有的孩子像前者，整天沉浸在网络、交际、各种娱乐活动之间，于是不管是学习还是生活都异常紧张。而有的人则像后者，看似散漫无束，却能够把自己的学习和生活安排得井井有条。

为什么孩子的童年生活大都差不多，但是随着孩子逐渐长大，他们却能创造出不同的人生？因为孩子的成长不仅仅是身体和智力发育完善的结果，还都要经历一个心灵塑造的过程！我们应该如何帮助孩子克服学习和生活中遇到的挫折和困难，让孩子的心灵变得强大，从而拥有健康、快乐的人生呢？

　　父母大都希望自己的孩子是最出色的，希望孩子在外人面前能够大大方方地表现出自己的长处，不管任何时候都希望他们有强烈的表现欲望。但这样的孩子毕竟是少数，更多的孩子更喜欢默默无闻地待在角落。他们不喜欢在大家面前表现自己，不愿意与其他群体接触，对一些集体活动表现出冷漠、不愿意参与的姿态，不一定是因为他们不感兴趣，而是一种自我保护，他们怕表现不好而丢脸所以拒绝参与。

　　喜欢待在角落的孩子，往往有着更丰富、更敏感的内心，但是他们缺乏自信，他们害怕这个世界，所以为了避开外界的伤害，他们选择一个狭小的空间封闭自己。其实这种害怕并不完全是坏事，因为他们能意识到自己的状况，懂得如何保护自己，这样的孩子，父母如果能多加鼓励，给予更多的关爱和支持，让孩子认识到自己的力量，当他意识到自身的强大后，便会增加自信心，也会变得更有胆量。当他们的内心变得强大，他们便能从容应对一切问题。

　　所以，要想让孩子走出角落，强大他们的心灵，最重要的是鼓励。但仅仅是语言上的赞美和夸奖是远远不够的，不管说多少"你真棒""你真厉害"，如果孩子自己感觉不到自己哪里棒，也是没有效果的。只有让孩子确确实实感受到自己很棒，才会让他们真正地拥有自信。这就需要父母通过观察去发现孩子，实实在在地帮助孩子取得进步，让孩子自己体验到成功的快乐，在成功中获得自信，最终成为一个积极的参与者。

第七部分：塑造性格

- 注意教育方式，适度培养外向型性格
- 开朗乐观的优质性格很重要
- 耐心培养宝宝认真仔细的好习惯
- 帮助宝宝塑造一颗宽容豁达的心

适度培养外向型性格

通常父母都比较在乎孩子的学习成绩，为了让孩子每次考试都能考出好成绩，他们往往会约束孩子的交际行为，不让孩子出去玩，不让孩子去结交朋友，成天让孩子在家里学习。其实父母在要求孩子学习成绩好的同时忽略培养孩子的人际交往能力，是不利于孩子的成长的。这只会让孩子变得更内向，遇到生人就面红耳赤、不敢说话，甚至连去超市买东西都不敢向售货员询问物品的位置。所以我们应该适度培养孩子的外向型性格，让他们无论处在什么样的环境下都能很好地表现自己。

小咪的偶像立威廉的成名就离不开妈妈对他性格的培养。立威廉从小是个话很少的小孩，甚至迷路了都不问，情愿自己一遍遍地找。渐渐地，妈妈为此担心起来。有时妈妈会特意让他去自己公司玩，立威廉会很礼貌地和她的同事打招呼，但问过"阿姨叔叔好"之后，就一直微笑着保持沉默。心里着急的妈妈为了他能多和人交往，便让他哥哥带他去当模特。初当模特的时候，立威廉接受访问时手心都会出汗，可是妈妈一直鼓励他，让他坚持，后来立威廉真的慢慢克服了自己的障碍。他可以很完美地做完访问，也能够在 T 台上很好地展现自己，优秀的表现还让他得过 2001 年世界模特大赛第一名。

有很多小孩子小时候都像立威廉一样不爱说话，性格比较内向，但他们的父母会认为性格内向是天生的，或者孩子还小等他们长大了自然就爱说话了。其实在很多情况下如果父母注意到了这一点，是可以对孩子进行适度培养的。

要培养孩子开朗外向的性格，父母首先就要善于倾听。要能够耐心地倾听孩子的所说所想，这样孩子便也会从父母身上学会如何倾听别人。

　　第二，要避免严厉专制地惩罚孩子。外向型的孩子心中是没有阴霾的，年少时的快乐生活是一个人心灵开放的泉源。人人都会犯错误，家长要以讲道理为主，而不要认为我是老子，我就是老大。

　　第三，培养孩子的合作精神。父母要有意识地和孩子一起做事，鼓励孩子多参加一些集体体育活动，比如篮球、足球、排球等。有了好东西，鼓励孩子拿出来和大家分享，这些方法都有利于培养外向型的孩子。

　　第四，增加孩子的知识面。多增加孩子的知识，开阔孩子的眼界，让孩子多看有意义的课外书，收听收看新闻，了解天下大事，多和人交流。

　　第五，父母要善待孩子的同学和朋友。这样孩子会感到自己受到了尊重，会高兴。同时也会学到热情、周到和礼貌待人。

　　著名的少儿节目主持人鞠萍就对培养孩子外向型性格有自己的绝招。只要时间允许，鞠萍就会让儿子把他同学、朋友带到家里来玩，也放心地让他去同学家玩。鞠萍还经常带孩子到同事和朋友家串门，特意培养孩子待人接物和为人处世的能力。这样一来，不仅锻炼了孩子与他人的交往协作能力，也让儿子成了班里名副其实的"领导人"。班上组织什么活动，他都能自如地担负"小领导"的角色。

　　当然，适度培养孩子外向型的性格并不是说一定要孩子成为左右逢源、八面玲珑的人，只要孩子不是过于自闭就好。同时，要培养孩子外向型性格，父母还要特别注意自己的教育方式。比如有的80后父母要求自己的孩子要有礼貌，特别是到别人家做客的时候，一发现孩子动了别人家的东西，就会恐吓孩子，"不准动别人家东西，叔叔（阿姨）要打你啦！"或者"警察要抓你来啦！"这样的话都是不利于孩子健康成长的。

谦虚谨慎是孩子成才的基础

　　小小咪上幼儿园以后，在学校表现得挺不错，老师经常表扬她，每天都给小小咪奖励大红花。小咪看女儿这么优秀自我感觉也挺好，

逢人便夸小小咪，别人听见自然又是对小小咪一番大大地赞赏。慢慢地，小小咪变得骄傲自大起来，在幼儿园也不和其他小朋友玩，上课也不再听老师的话，认为自己天生什么都会，觉得自己好像高人一等似的，后来一个好朋友也没有了，也再没有得到过老师的表扬和大红花。

有的孩子各方面表现都不错，父母觉得很有面子，孩子也自我感觉良好。这时就要注意，孩子是否谦虚谨慎，是否染上了骄傲急躁的毛病，父母自己尤其不能有这样的毛病，这样会助长了孩子骄傲自大的不良思想。

在现在的家庭环境中，很多孩子不能正确对待荣誉与成绩，他们会因为骄傲自大看不起朋友和同学，偶有一点进步就会沾沾自喜，甚至有时会把集体的成绩看成个人的，这些表现将会使他们不再进步，甚至会脱离朋友和同学，脱离集体，进而失去目标。

中国有一句古老的成语："满招损，谦受益。"意思是说，骄傲招来损失，谦虚受到益处。

谦虚首先表现为实事求是地看待自己，有自知之明。谦虚的人总是既看到自己的优点和长处，又看到自己的缺点和短处；既看到已取得的成绩，也能看到自己的不足。

谦虚还表现为正确地看待别人，虚心地向别人学习。谦虚的人善于发现别人的优点和长处，随时向别人请教，并懂得尊重别人，有事和大家商量。所以，谦虚的人能够主动地取别人之长，补自己之短，不断地从集体和群众中汲取养料，充实自己，为自己的进步和成功创造良好的条件。

因此，80后父母在教育孩子时，要教会孩子认识到骄傲的坏处，教会他们正确看待自己的优势与成绩，保持虚心听取他人建议的习惯，以"三人行，必有我师"的态度与他人交往，并教孩子学会感恩，学会对他人的帮助说"谢谢"。这样才利于他们从小建立良好的人际关系。

香港企业家李嘉诚也重视培养孩子谦虚谨慎的品格，他告诉他的孩子们："工商管理方面要学西方的科学管理知识，但在个人为人处世方面，则要学中国古代的哲学思想。不断修身养性，以谦虚的态度为人处世，以

勤劳、忍耐和永恒的意志作为人生进取的战略。"

有的父母对孩子实行"激励教育",不管孩子做了什么,做得如何,都对孩子进行表扬。也有的家长认为当今社会是竞争的社会,只有善于竞争、敢于竞争的人才能占据优势,于是鼓励孩子积极竞争。这样的观点和做法都有一定的道理,但在对孩子进行表扬、鼓励孩子进行竞争的同时,我们要避免孩子养成自高自大、咄咄逼人的恶习。谦虚谨慎是孩子成长的基础,可以有傲骨,但不能有傲气,可以张扬,但不能张狂。

开朗乐观的孩子是成功的孩子

乐观积极的心态能够让陷入困境中的人看到黑暗中的光芒,让强大的人变得更加强大,更加有力量。

开朗乐观是一种优质性格,能使人看到一件事情中比较有利的一面,并期待更好的结果。可能有的孩子天生就比较乐观、性格比较开朗,但有的孩子则相反,可能比较内向甚至自卑。不过据有关心理学家发现,开朗乐观的性格是可以通过后天培养的,即使孩子天生不具备开朗乐观的品质,也可以通过后天的努力来达到。

小小咪从生下来就比较少哭闹,不管谁逗她和她说话,她总是笑眯眯地,而且有时候高兴起来就手舞足蹈。还不到一百天的时候,有次隔壁的一位奶奶逗小小咪玩,这小家伙居然还"哈哈"笑出声来了。别人就说这孩子以后一定能成就一番事业,看这性情就知道。

因为开朗乐观的孩子会具有比较积极的人生态度,面对挫折的时候也不会气馁,反而更能激起他们的斗志,勇于挑战,不会退缩。他们对自己有信心,自信的人便容易成功。不管是在学习、工作还是人际关系上,他们都能处理得游刃有余。面对压力时,他们也能很好地进行自我调适,并迅速找到出路而不会钻入牛角尖，从而更好地化解压力，解决问题。

当然，并不是所有的孩子都像小小咪这样。其实父母在孩子的成长过程中占有重要的地位，他们对孩子的身心发展有着巨大的影响力。对于比较内向的孩子，父母在养育孩子的过程中必须要认识到自己对孩子的特殊作用，认识到自己的心理健康状况对孩子的影响力，要时刻保持主动地位，帮助孩子营造追求快乐的环境，建立开朗乐观的品质。

父母应该创造条件让孩子建立起良好的人际关系，在孩子还小的时候就可以带孩子一起出去多接触外界，不一定要孩子会说话会走路，在见到其他同龄的小朋友时，他们会通过别的方式来表达自己的喜悦。多与别人交流，鼓励孩子去找朋友，和他人一起愉快地玩耍，学会与人和谐相处的秘诀。

父母要给孩子决策权，让他们自己做主。一般孩子对于父母强加给他们的决定大多是排斥的，父母不要妄想控制孩子的行为，应该给孩子多提供一些机会，让他们自己决定选择什么不选择什么。

要教孩子学会调整心态，当孩子因为某些事情而苦恼或烦闷时，父母应该适当地帮助他们找到摆脱的方法。弄清楚孩子因为什么事情而苦恼，不要嘲笑孩子也不要训斥孩子。不用直接问，可以通过一些活动、游戏的方式，比如一起去户外爬山、骑车，或听听音乐、一起阅读，然后以朋友交谈的方式从中提点孩子，让孩子从低落的情绪中振作起来，尽快恢复愉快的心情和自信。

替孩子建立一个幸福的家庭是最重要的，因为孩子的性格养成基本上取决于父母的影响以及所处的生活环境。一般在幸福的家庭成长的孩子开朗乐观的几率要比在不幸家庭长大的孩子高得多，因为身处在不幸家庭中的孩子会觉得这个世界是一个让人忧虑、愤怒并且不安全的地方，但是生活在幸福家庭中的孩子会觉得这个世界处处都是美好的。幸福的家庭有利于孩子的心理健康发展。

在家庭里，父母自己也要具备乐观的思维方式。在处理自身问题和孩子的教育问题时的乐观态度，对孩子具有重要示范作用，孩子在耳濡目染下，通过观察和模仿便会渐渐养成开朗乐观的品质，从而在长大后获得通往成功的心态。

冷静沉着成大器

在美国喜剧片《小鬼当家》中主人公凯文是一个大家庭中最年幼的成员，当他的家人飞往巴黎欢度圣诞时，他却被意外地遗下独自留在家中，而更糟糕的是，凯文家不幸成为了一对劫匪的目标，小鬼凯文努力抵挡这两个匪徒，引发连场刺激搞笑的场面。

小小年纪的凯文，在遇到贼匪的时候一点也不惊慌，冷静地思考脱险方法，正是他的冷静沉着、机智勇敢使他最终脱离危险。现在的家长都很宝贝自己的孩子，就怕孩子在哪儿磕着碰着了，或遇到什么困难解决不了了，或遇到一些突发的危险事件了，于是方方面面都亲自替孩子考虑到。其实，即使这样也不能保证孩子们不会遇到挫折，如积木拼不好、骑自行车摔跤等；更不能保证他们在家庭以外不遇到突发事件，如老师体罚、高年级同学欺负……甚至更恶劣的抢劫绑架事件等。

虽然说现在的社会环境很复杂，父母多花点精力将自己的孩子保护得更好也不是不可以，但是让孩子学会独立自主，遇事沉着冷静、控制自己的情绪，学会自己解决问题却更为必要。同时，冷静沉着的品质也有利于孩子在成人后走得更远。

翻开历史的篇章，我们可以发现古今中外成大事者并没有一帆风顺的，他们都经历过艰难曲折才能取得最后的成功。司马迁在《报任安书》中就举出许多例子："文王拘而演《周易》；仲尼厄而作《春秋》；屈原放逐，乃赋《离骚》；左丘失明，厥有《国语》；孙子膑脚，《兵法》修列；不韦迁蜀，世传《吕览》。"而且就司马迁自身来说，也是在遭遇迫害之后还发愤著书，终因完成《史记》巨著而名留青史。于是我们更有理由相信，遇到再大的困难也不能阻止我们做事的脚步，只要沉下心来，耐着性子把事情做好，就能获得最后的胜利。

小小咪的邻居王进做一道数学题做了快一个小时了，仍然做不出来，急得他头上直冒汗珠，并不断地用手拍桌子，时不时还站起来直跺脚。他爸爸看他这个样子，忍不住走过来安慰和鼓励他说："不要急，静下心来。你只要沉住气，就一定会做出这道习题的。"听爸爸这么一说，王进的心情略微平复了一些。他稍微休息了一下之后，重新进行了运算。很快，这道难题被他做出来了。他高兴地对爸爸说："爸爸，你说得很对！不要急躁，就能做得又快又好，我就是太心急写错了一个数字，所以才算不出来。"

培养孩子沉着冷静的品质要从日常生活中的一些小事做起，不能指望用一天的时间就让孩子具有这样的能力，需要循序渐进。当孩子遇到问题，迟迟不能解决而变得急躁时，父母不要急于出手帮助孩子解决问题，而是要对孩子多进行鼓励，帮助孩子平复情绪，让孩子自己去解决难题。

要想培养遇事沉着冷静的孩子，还要注重家庭氛围，要民主而不是专制，要鼓励孩子自己分析问题、解决问题，这样才有利于养成孩子冷静地分析问题、阐述问题的能力。

同时，80后父母在教育孩子时自己也要保持冷静沉着。如果孩子摔倒了，不要赶过去立即将他扶起来，又拍又哄；如果孩子做了错事，也不要立即爆发，大吵大骂，这都会使孩子遇事不知所措而急躁。要从小培养孩子独立处事的能力，父母自身的影响是很大的，一定要给孩子做出正面的示范。要知道，遇事能沉着冷静处理的孩子将来必成大器。

认真仔细保证未来万无一失

小小咪在幼儿园上了中班以后，开始学拼音了。每天都学一个字母，学到"b"和"d"以后，小小咪就有一点搞不清了。有时候不是把"b"

写成了"d"，就是把"d"写成了"b"，总是分不清这两个字母。而且小小咪做事有时候挺粗心的，不是丢了这个就是落了那个。小咪都不知道跟小小咪说过多少次，写作业要认真仔细，但都无济于事。

相信很多父母都有这样的感受，明明孩子不是不会，但为什么总是容易出错呢？相信有部分80父母自己小时候也有这样的情况，明明考试的题目一点也不难，但是越简单的题目却越考得不好。这就是因为大家在做事情的时候，很容易疏忽，越简单越觉得胸有成竹的反而总是出错。学习上容易出现这样的错误还只是考分上不令人满意，如果生活中一些什么事情出了纰漏，很有可能会酿成大祸，做事情只有认真仔细才能确保万无一失。

作为父母，应该让孩子从小就养成这样的好习惯，只有做事情认真仔细才更有可能成功，只有专注才能让我们的未来万无一失。

首先可以培养孩子对细节的辨别能力。让孩子自己去发现一些事物细节上的变化，培养他们仔细观察、善于观察的能力，并引导孩子将他们看到的不同之处大声地说出来，并给予一定的赞许，以巩固培养的成效。比如说我们可以和孩子一起玩"大家来找茬"的游戏，找两幅类似的画面，不用太花哨，和孩子一起找出两幅图上的不同之处。

其次，培养孩子观察事物要全面的习惯，看问题看全面。比如说拿两根手指饼干，一手拿一根，然后错开放，问孩子哪根长一些。孩子们只看表面现象，可能会认为你举得高的那根会长一些，这个时候，你就可以引导孩子从另一个角度再看这两根饼干。并告诉孩子，他们看到的那根长一些，是因为手举得高一些而已。孩子没有仔细观察，随便一眼就得出结论，忽视了人为的因素，没有客观地给出评价，因此要让孩子学会全面仔细地观察事物的特点。

第三，要帮助孩子增强辨别能力。有意识地教孩子进行比较和辨别，能提高孩子的注意力。比如有一些像小小咪这样分不清字母"b"和"d"的孩子，我们可以通过游戏的方法让他们加深印象。父母可以教他们双手握拳相对，然后左手竖起大拇指，就是字母"b"，右手竖起大拇指，就是字母"d"。然后编个顺口溜，帮助孩子熟记于心，这样当他们记不清

的时候，看看自己的手就知道了。但是父母要注意，当孩子因为总出错而没有兴趣学习的时候，千万不要将孩子强行关进房间让他们独自进行学习，这样的话孩子反而更加不愿意学习，更容易把一些容易混淆的知识弄错了，要知道当你做什么事情都没有用心的时候，是更加容易出错的。

最后，我们要帮助孩子改掉他们在日常生活中的一些粗心的习惯。在教育孩子的时候，父母都要反省一下自己是不是也存在相同的问题，并应该加以注意，因为孩子的模仿能力是非常强的，如果父母平时自己就表现出粗心大意的言行的话，那么孩子的这些习惯便极有可能是从大人那学来的。所以父母必须树立好的榜样，同时，也要对孩子进行有效地训练。

总之，想要孩子做事认真仔细，改掉粗心的毛病是一件细致并且具有挑战性的工作，需要父母本身的耐心与责任心，不可急于求成，也不能辱骂孩子。

勇敢果断的孩子有魄力成大事

现在的孩子大部分都是在家里称大王，出去了就变得非常胆小，总是缠着父母，不敢去和别的小朋友一起玩，也不敢和别人讲话……小小咪也是这样，有一次小咪带小小咪去肯德基吃东西，好多小朋友在里面玩滑梯，小小咪看着大家玩得那么高兴，眼里流露出特别羡慕的眼神，小咪让她也去玩，小小咪却摇摇头，露出那种想去但又胆怯、犹豫不决的表情。看到孩子这样，小咪也不知道应该怎么办好。

只要生存在这个世界上，就难免会遇到一些面临抉择的事情。从小培养孩子勇敢果断的精神，有利于他在人生的路上走得更远。在《一位外交家写给儿子的信》中，培养果断力就被放在了十分重要的位置上，这位充满父爱的外交家告诫他的儿子说："在事业上为了获致成功……被证明为众所周知的基本原因有二、三条，具有果断力就是其中之一……我们一直跑在像竞赛跑道内侧最有利的线上，眼见马上就可冲过终点，却偏偏因为你的重要决定晚了一步，导致我们在最后的直线跑道上，与胜利无缘而拱手让给别人了。经常可以看到很多从商的朋友犯下很严重的错误之一，就是欠缺迅速做决定的能力。只要一放任自己而做出缓慢的决定，就会因这种浪费和无效率而带给公司重大损失。这就是被称为'延宕'所造成的令人遗憾的事情了。18世纪有一位英国的诗人爱德华·杨古曾说过：'延宕是时间的强盗。'此话正道出它是偷走你所期望的利益的小偷了！……做决定时，经常是要当机立断的下意识决定，总是接受挑战，面对的挑战愈大则机会就愈大。事实上，有很多这种机会，常在太过犹豫不决的人的眼前丧失掉了。"

可能很多父母看到自己的孩子像小小咪这样没出息的样子，都会很失望，甚至有的父母还指责自己的孩子："想玩就去玩啊，怕什么，胆子怎么这么小？做什么事都这么不果断，真没出息。"这样孩子反而会更加胆怯了。其实勇敢果断的精神也不是天生的，完全可以通过后天的合理训练及父母耐心的培养而锻炼出来。

我们首先要给孩子制定一套规律的作息时间。该起床的时候就起床，该上学的时候就去上学，不要因为孩子想偷懒不愿意去，说两句好话，就允许孩子在家里休息。到了该吃饭的时间就吃饭，不要因为孩子还有一点动画片没看完就让孩子边吃边看。做任何事情都要有一定的规矩，没有很特殊的情况或非常严重的事情发生，就不能轻易不遵守规矩。在日常生活中养成这种干脆利落、斩钉截铁的行为习惯，有利于培养孩子果断的个性。同时，父母更要以身作则，和孩子一起严格执行，用自己的果断来潜移默化地影响孩子。无论什么事情，行就行，不行就不行，不要总是拖泥带水，如果连一些生活琐事都处理不好，又如何培养孩子果断的性格呢？

还要带孩子多去外面走走，长长见识，以此来增加孩子的胆识。比如去郊外爬山，去儿童乐园玩激流勇进的游戏、走独木桥等都不错，父母可以在旁边陪着，注意孩子的安全，鼓励孩子接受他们能胜任的挑战，这些都能增强孩子的勇气。

最后要注意的是要将生活中一些确实存在的危险情况告诉孩子，并告诉他们遇到危险时应该如何处理。可以编成故事讲给孩子听，也可以和孩子

一起看一些安全自救的动画片，然后通过和孩子的互动游戏来加深孩子的印象，看孩子能不能随机应变，利用自己的智慧和勇气来化解危险。让孩子的脑子里有安全意识，父母再适时进行一些必要的提示，比如遇到危险可以打110，火灾打119，有人病倒打120等。孩子的安全意识就会逐渐增强，这样循序渐进、反复强调，就能促使孩子成为一个意志坚强、勇敢果断的人。

豁达宽容的孩子最受欢迎

　　小小咪正在家里看新买的那本走迷宫的书，而且是她最喜欢的《喜羊羊与灰太狼》的图案。小小咪正费力研究着，隔壁的牛牛跑过来玩了。两人一起在那看，不知为什么争执起来，都抢那一本书，一不小心把书给扯坏了，小小咪就把书朝牛牛脸上一扔，砸得牛牛哇哇大哭。小小咪还不停手，还不停地捏牛牛的脸蛋。小咪一听到哭声就跑过来，赶紧把小小咪扯开了。

　　这个时候，可能有的父母看到不是自己的孩子受欺负就不会管了，而有的父母看到这种情况可能会象征性地大声斥责孩子几句，事后也没放在心上。其实，这些做法都是不对的。父母应该仔细询问一下孩子到底发生了什么事情，是不是因为抢东西而起了争执。小小咪可能是因为在抢的过程中自己喜欢的书被牛牛扯坏了，所以发起了脾气，这个时候，妈妈应该告诉孩子，要学会宽容，豁达宽容的孩子才最受欢迎。但是这么跟孩子说，可能他们并不是很容易接受，孩子在一开始大多都是以自我为中心的，他们还做不到去顾及别人的感受。小小咪只是出于对自己物品的保护，也是孩子正常的表现。在孩子世界里有的时候在没有了解全部因果的情况下，父母还是不要过多地干涉，但可以慢慢地培养孩子学会心中有他人，学会宽容豁达。

　　作为父母，要培养孩子的韧性和耐心，不要动不动就生气、发脾气，要教育孩子学会尊重他人、关心他人、帮助他人、赞美他人、欣赏他人，

教育孩子如果是他自己做错了，要学会诚恳地道歉，而如果是别人不小心得罪了他，也要尽量体谅别人，不要斤斤计较。教导孩子要多看别人的优点，不要把别人的缺点牢记在心里，要宽厚地对待别人才能赢得更多的朋友，才能很好地和别人沟通和交往。《孔融让梨》的故事我们都耳熟能详，小孔融在处理手足关系时，不斤斤计较，豁达容让，我们就可以多通过这样的故事，让孩子向故事里面优秀的主人公学习。

有的孩子刚开始的时候可以与别的小朋友分享自己的食物和玩具，但可能在中途就会变脸，与小朋友发生矛盾。这个时候，父母不要第一时间就跑过来批评孩子的小气。其实孩子在这个时候并不一定就是真正的小气，他可能只是一下子考虑不到别人，这并不是错误。父母只要在这个时候告诉孩子正确的做法就行了，教孩子懂得分享、懂得礼让。千万不能说因为别的小朋友比他小，是弟弟或妹妹，所以他应该让着一些，如果这么说，那么他以后会觉得只要比他大的人就一定得让着他。他不能欺负比他小的孩子，但是可以欺负比他大的哥哥姐姐。这样的话，孩子并不能学会正确的待人处事的方法。

对这些孩子，父母要悉心引导，教会孩子学着事事处处接纳他人、理解他人、信任他人，这样不仅会发现别人的许多优点，而且也会容忍其他人的某些不当之处，求大同存小异。这样，孩子的人际关系就会变得融洽和谐起来。

因为父母的一言一行都会对孩子起到潜移默化的引导作用，父母要多在孩子面前夸奖别人的优点，包括与自己有矛盾的人，不随便议论别人的短处。如果因为在外面受了气，回到家里还耿耿于怀，甚至辱骂、中伤对方，无疑会在孩子心中投下阴影。所以，没有宽容的家长也不会有宽容的孩子，要培养出豁达宽容的孩子，家长就要先把自己的心放宽，做孩子的榜样。

坚强执着是成功的基石

如果孩子从小就怕困难，长大了也会受到影响。

大多数人能够努力一时，而拥有坚韧不拔的毅力，执着追求，坚持到底的人却很少。

我国魏晋时期的思想家、文学家嵇康在《家诫》中教导儿子要立志做高尚的人，要坚持下去，不要半途而废。他说："人无志，非人也。但君子用心，所欲准行。自当量其善者，必拟议而后动。若志之所之，则口与心誓，守死无二。耻躬不逮，期于必济。"一个人若不立志，不能算"人"，而志向一旦确定，就要心口如一，不要更改。

嵇康的这段教子书，是要儿子立志并且坚持到底，不为外物所移，这对每位父母来说，都有启发。

父母要培养孩子具有坚强执着的精神，要避免过度溺爱孩子，要避免不相信孩子的能力，为孩子包办一切。

　　一个十岁的小女孩儿莎拉一只脚先天肌肉萎缩，不得不依靠支架活动。一个明媚的春天清晨，她回家对父亲说她参加了户外体育比赛——一个包括跑步及其他竞技项目的比赛。看着她的腿，想到女儿可能无法取得优异的成绩，她的父亲飞快地转动脑筋，想说些安慰小莎拉的话。然而话还未出口，莎拉却仰起头说："爸，我跑赢了两场比赛！"她的父亲简直不敢相信自己的耳朵！莎拉接着说："我比他们有优势。"啊哈！她的父亲认为自己找到了女儿跑赢的原因，她肯定是可以比别人先跑几步，因为身体的原因而得此照顾……可是莎拉又说："爸爸，我没有先跑。我的优势是我必须比他们努力得多！"

　　小女孩莎拉取得了户外体育比赛的胜利，也将取得她人生路上的胜利。

可以说，坚强执着是成功的基石。

被称为最年轻的钢琴师的郎朗正是凭借他的坚强与执着才享誉世界的。1982年，郎朗出生。郎朗2岁的时候，被动画片《猫和老鼠》中汤姆猫演奏的《匈牙利狂想曲》所吸引，对钢琴家的手指产生了浓厚的兴趣。一天，电视里正在播放电视连续剧《西游记》。听到蒋大为演唱的《敢问路在何方》

这首歌时，小郎朗不知不觉地在钢琴上弹了起来，而且竟将这首歌的大部分旋律都弹了出来！刚刚 3 岁时，爸爸就带郎朗去学钢琴，每次学习一两个小时，郎朗却能耐得住辛苦。郎朗 4 岁那年，爸爸带着他拜见了沈阳音乐学院的朱雅芬教授。当郎朗坐在钢琴前弹起曲子时，朱教授非常惊讶，这么小的孩子，就能把曲子弹得这么感人！朱教授对郎朗的爸爸说："这是一个很有天分的孩子，生来就是为了弹钢琴的！我一定会好好教他。"

一次，郎朗的小学班主任冯宁老师前来家访时发现，郎朗家的钢琴上面还有一盏小灯。原来，郎朗每天放学后，都需要练习到很晚。

在全家人的支持下，郎朗渐渐养成了每天必弹钢琴的好习惯。每天清晨，只要郎朗的琴声一响，邻居就知道该起床上班了，不然就要迟到了。有一次，郎朗前一天晚上跟着父母去了舅妈家。晚饭后，郎朗和舅妈家的几个孩子正玩得开心，爸爸突然对郎朗说："不行，你得练琴了！"舅妈为难地说："唉，我哪儿有琴啊？"爸爸说："就让郎朗在地板上练习指法吧。"于是，郎朗就在地板上敲了起来。郎朗 10 岁那年，他以第一名的成绩考入了中央音乐学院附小，每天要完成 8 个小时的训练。一年年的努力终于让郎朗 11 岁时在德国的钢琴比赛上拿到了第一名。

父母的教育对孩子养成执着坚强的品性有重要的作用。在郎朗努力的过程中，郎爸的作用不可忽视，他对小郎朗的鼓励和监督，正是他坚持下去的动力。孩子做事时缺乏耐心、虎头蛇尾，或者胆怯懦弱，遇事优柔寡断的现象普遍存在。**在孩子做事没有耐心、不能坚持下去时，父母一定要坚持，不能因为孩子的要求就作出让步**。在日常生活中，父母可以利用身边的小事来锻炼孩子做事的坚持力，让孩子用心去做，直到把一件事做完为止。孩子经过努力出色地完成一项工作后，父母要给予及时的表扬，强化孩子做事能坚持住的好习惯。当孩子做事不能善始善终时，父母应及时给予鼓励："你做得确实很不错！""既然你已经开始了，就要坚持到底！"

第八部分：培养习惯

- 让宝宝养成做事有计划的习惯
- 宝宝自由思考才能更具创造力
- 宝宝自主选择，才是自我的实现
- 自我激励的孩子永不沉沦

让孩子学会做事有计划

小小咪的表姐瑶瑶学习成绩非常好。她最常说的一句话是：学习应该是快乐的事，学习是为了增加快乐，而不是让快乐越来越少。

实际上，在班里她也是最爱笑的人，时不时还来点恶作剧。一到课堂上，她的眼睛就放光，举手最多的就是她。别的同学看她学得这么轻松，非常羡慕，纷纷向她请教。她则拿出了一张计划表说："我全是靠它。"

她的计划和别的同学不一样，每天都用荧光笔标出了大大的"休息"和"玩"，她说："为了保证自己的自由活动和玩的时间，我必须提高学习效率，学得越快，玩的时间越多。"在学习的部分，她从来不写学习的时间，写的是效果，最多的是"理解"、"运用"和"熟练掌握"等字样。

别人每天回家先写作业，她则先复习课堂上做的笔记，对照书里的例题，看明白了再写作业，这样就能非常轻松地完成了。

每天写完作业，她还要用10分钟的时间，把新的和旧的知识点都画到一张结构图上，而且是完全不看书画下来的。画的时候就等于把以前的知识温习了一遍，同时也把新知识和旧知识有机地联系了起来。

在计划表上，她每天还留出了半个小时的时间，用来补漏洞。她把所有测验和作业中错过的题，都单独抄到一个本子上，每天补漏洞的时候，就从里面挑题目做，故意挑那些看起来比较生疏、印象不是很深的题，做对一次打一个钩，做错一次打一个叉。当一道题目能连续得到三个钩时，她就认为自己已经彻底掌握了这首题，就再也不会去碰它了。

俗话说："凡事预则立，不预则废。"凡事都是如此。一个人如果有计划，就有了奋斗的目标；就可以将整个学习过程的目的、内容、方法、时间安排得心中有数；就可以排除干扰、坚持学习；就可以学得主动、学得有成效。

所以，父母要教育孩子养成制订合理计划的好习惯，让孩子在轻松的氛围中找到适合自己的做事计划。

在孩子学习方面的培养上，父母要帮助孩子为自己制订一个合理的学习计划，这样才能保证学习成绩的提高。计划合理就不会浪费时间，就会挤出很多的时间做其他的事情，这样对于孩子综合能力的提升是有很大好处的。

此外，父母在指导孩子制订学习计划的时候，要学会变通，一旦制订好的学习计划被打破，要让他学会及时地调整学习计划。

当孩子学习过程中出现了偏科时，父母应该教孩子学会花更大的力气来弥补他自己的不足；当因为生病等原因无法保证学习时间时，也应该对学习计划进行调整，尽快把落下的科目补上。

那么应该如何引导孩子制订合理的学习计划呢？

首先，父母应告诉孩子要在学习计划中留出机动安排的时间。在每天的学习计划中，应该至少留出半个小时作为机动安排时间。主要是用来回顾与复习，把前一段时间学到的知识点串联起来，整理成一个系统，以加深印象，从而能更牢固地掌握知识点，基础也会打得更扎实。根据各科成绩，合理调整时间安排。学习过程中常常会出现个别科目拖后腿的现象，这时就需要在计划安排上有所侧重，在成绩差的科目上多花一些时间。最好是在不影响正常计划的前提下把机动时间用来查漏补缺，每天至少要解决一个问题。

其次，妈妈还可以要求孩子每个学期要对学习计划的执行情况作一次总结。学期结束，根据考试成绩，总结一下，原来的学习计划是否得到了很好的执行，有什么具体的问题，在新的学期应该如何调整。

轻松有效地学习，才不会被学习奴役。真正的学习是轻松有效的，轻松有效地学习才会有快乐，同时，也会使学习效果更好，也能让孩子发现学习的兴趣。

管理时间比珍惜时间更重要

刘璐刚上六年级，当班里其他同学都陆续地投入到紧张的学习生活之中时，她看起来却依然镇定自若，丝毫没有打乱之前的步调。为了更好地迎接小考，很多同学都已经放弃了课余生活，兴趣班的课程也暂时搁浅了。然而刘璐在周末仍然要去二胡班练习她自小就喜欢的二胡。除了拉二胡之外，刘璐对美术和书法也有着很高的天赋，她周六上午去二胡班，下午去美术班，周日上午去书法班，只用周日下午作为休息时间。

让人惊奇的是，刘璐的学习成绩并没有被兴趣班所耽误，相反，她的成绩一直稳定在全班前三名，这让许多同学羡慕极了。因为无论是二胡、书法还是绘画，这些都是基于刘璐的兴趣，所以她丝毫没有感觉到疲惫，反而觉得参加这些兴趣班会让自己从紧张的学习中得到放松，是一种极大的享受。

为了与班上同学一同分享学习经验，班主任特意征求了刘璐的同意，让她在班会上讲述自己的学习方法。原来，刘璐之所以在培养课外兴趣的同时还保持着优异的成绩，是因为她喜欢利用零散的时间做一些零散的事。例如，背单词会占据许多同学一部分时间，可是刘璐却没有专门分出时间来背单词，而是在回家和上学的路上用卡片的形式进行记忆。在刘璐井井有条的安排下，她的学习生活充满了乐趣。

孩子们由于年龄尚小，还不知道人生的目标和使命，往往缺少时间的紧迫感，也不懂得如何科学地利用时间。对于孩子来说，时间是财富、是资本、是命运、是千金难买的无价之宝。教会孩子合理、充分地分配利用时间，是父母的一项重要任务。所以，作为父母，我们应该重视培养孩子安排时间、运用时间的能力，培养孩子珍惜时间的习惯。

建议一：培养孩子良好的时间观念。

养成良好的时间观念是一个人做事成功的基本前提，但这并不是意味着全部。父母在与孩子朝夕相处的岁月中，应向孩子渗透时间可贵的概念。父母有意无意在孩子面前所表露出的一举一动，都对孩子行为习惯的形成起着至关重要的作用。

建议二：教育孩子提高学习效率。

为了提高效率，要强调科学用脑。用脑的时间过长，大脑就会变得迟钝，这时要适当地休息。此外，大脑的不同区域所负责的功能是不一样的。比如左脑主要是负责抽象思维，而右脑则是负责形象思维。因为，我们可以辅导孩子交替学习不同的内容，使大脑得到充分的休息。

建议三：教孩子善用整块时间干件大事。

有些事情需要用比较集中的时间来完成，如果用零碎的时间，就容易造成时间的浪费。

建议四：杜绝孩子"磨蹭"的坏习惯。

孩子只有在体会到磨蹭会给自己带来损失之后，才会自觉地快起来。因此，让孩子为自己的磨蹭付出代价，也可以说是改掉孩子磨蹭毛病的好方法。

建议五：教孩子用"倒计时"的方法来安排时间。

有的事情是硬任务，必须在某个时间内完成，这就需要父母教会孩子用"倒计时"的方法来安排时间了。比如一件事情在10天之内必须要完成，这就需要规划一天应该完成多少，如果当天没有完成的话，就应该及时补上，保证按时完成。

建议六：增加孩子的紧迫感。

缺乏适当的紧迫感是许多孩子做事磨蹭的主要原因。所以，父母可以在孩子的生活中"制造"点紧张气氛，让孩子的神经紧一些，使孩子的生活节奏加快一些。

放弃时间的人，时间也会放弃他。善于利用时间的人，永远找得到充裕的时间。时间是最不值钱的东西，也是最宝贵的东西，因为有了时间，我们就有了一切。

珍惜时间的好习惯是做事成功的基本前提，成功与失败的重要分界在

于怎样分配和安排时间。教你的孩子学会将时间利用到极致，那将是一笔珍贵的财产。如果一个孩子懂得珍惜时间、利用时间，应得的回报早晚会如期而至。

自主选择是孩子自我实现的基础

小咪的大学同学刘丽毕业后做了一名数学老师，但是她从来不要求自己的孩子学好数学，而是鼓励孩子花更多的时间用在自己感兴趣的事情上。刘丽的大女儿喜欢看小说，于是刘丽每周都会到书店挑选有意思但是也很有教育意义的书给她看，现在她的大女儿已经看了上千本书，语文成绩总是满分。刘丽的小女儿喜欢画画，于是刘丽就手把手教她如何用电脑绘图上色，并且把画出来的作品印成彩色的明信片，作为礼物送给亲友。现在她的小女儿已经获得了很多画画比赛的奖项，成为了学校的美术明星。

如果每个父母都能支持孩子做自己喜欢做的事，也许这个社会就会多很多各行各业的能人。每个孩子自身都有着巨大的潜能，但很多都在父母的压制下没有发挥出来。诚然，能够帮助孩子发展一项爱好是很好，但是一定要考虑到孩子的感受，如果他并不愿意去学，那么这些课程对他来讲就是很折磨人的一件事情了。

每个人都是不尽相同的，唯有找到自己的兴趣，发挥自己的潜力，才能做出最好的成绩。不要相信一个孩子的成才是通过某种公式复制出来的，每个孩子独特的优点就是成功的源泉。一个人的快乐和他是否能做他有兴趣的事情是有相当大的关系的。美国曾经对 1500 名商学院的学生进行了长达 20 年的追踪研究，得出的结论是：追随自己的兴趣并不断地挖掘自身潜力的人，不但更容易快乐，而且更容易得到财富和名利的眷顾。因为他们所做的事正是自己真正喜欢的事情，他们会更加有动力，更加有激情

地将事情做到完美的状态。即便是他们不能从这件事情中获取财富和名利，也会从中获得终生的幸福和快乐。

所以，父母一定要支持孩子做他最喜欢做的事情，当孩子按照自己的意愿去尝试着做一件事情的时候，他会想尽一切办法做到最好最出色，也最容易真切地体会到自己的才干。**作为父母，如果我们也不了解孩子的兴趣点究竟在哪方面，那可以让孩子先针对一项课程尽力学三个月，然后再让他自己决定是否愿意继续学。**作为父母，这时我们要给孩子自主选择的权利，然后帮助他们朝着自己感兴趣的方向去发展。

每个孩子身上都具有巨大的潜能，当孩子按照自己的意愿尝试着做一件事情的时候，总会想尽一切办法去做好，做成功。孩子在自主奋斗的过程中，才华和潜能也可以得到淋漓尽致地发挥。相信每一个孩子都能成功，关键在于父母要帮助孩子找到自己的最佳才能区。只有找到了最佳才能区，孩子的才能才可以发挥到最大。作为父母，我们不可以对孩子的兴趣横加干涉，也不能区分对待，不要因为孩子的爱好是弹钢琴就热烈支持，而孩子喜欢美容美发就强烈反对。因为即使在平凡的服务行业中照样也能培养出身手不凡的能工巧匠，如饮食行业中的名厨、美容美发中的名师、服装行业中的设计师等。他们都以自身成才的成长经历表明：发展自己的兴趣，早晚有一天会成为同行业的佼佼者，成为一个对社会有用的人。

成功是让孩子做他喜欢的事情，而不是做你喜欢的事情。每个人的路都只能是自己去走，谁也代替不了，父母也不例外。

自我管理是不可或缺的能力

又是每周一次的大扫除时间，小咪把该洗的东西都丢到洗衣机里面去洗了。因为家里还是以前的那种半自动的洗衣机，所以每次都要手动放水，洗了之后再拿到甩干桶去甩。小小咪是最喜欢玩水的，而且也很好奇，每次妈妈洗衣服的时候都想去帮忙。要不就说帮妈妈扶

着水管子，要不就说帮妈妈把甩干了的衣服拿出来。但是小咪每次都嫌小小咪碍事，不让她在这里捣乱，小小咪不听的时候，小咪就教训她，说她不听话，每次小小咪都觉得委屈万分。

也许大多数的父母都认为：当我们的孩子"被教育"的时候，就是从"被认可"开始的，尤其是被父母、被长辈认可。被长辈们认可、赞扬的一定是听话的孩子，是按照父母、老师的意愿来做的孩子。因此，父母们在教育孩子的时候不自觉地形成了一种规律：在教育孩子的时候往往把"服从自己"作为成功的目标，并不是把"服从道理"作为目标。

每个孩子都有自己独特的兴趣和爱好，有自己的学习习惯，而作为父母的任务是根据孩子的学习基础来因材施教、因势利导。父母对孩子的期望值很高是可以理解的，但是期望与目标的确定应该考虑孩子的具体条件和意愿，因为不管我们怎样期望，孩子将来的生活终归还是由他自己去做主、去实现。因此，作为父母不可以把孩子的目标定得过于理想甚至不切实际，而是要根据孩子的能力、志向和兴趣，以帮助孩子建立自信心为出发点，使孩子处于一个宽松的心理状态，从而轻松愉快地学习。让孩子体验到学习的乐趣，拥有自我管理的能力，对他将来一生的发展都会有积极的帮助。

其实，每个孩子都有自己动手的欲望，不同的年龄段有不同的表现。比如1岁多时孩子爱甩开大人自己走路、自己去抓饭来吃、自己穿鞋子等，因为他们对这个世界充满了好奇，想通过自己双手的触摸来探索这个世界。当孩子有这样的表现时，父母要鼓励，用笑脸来鼓励孩子去做。对父母来说，但凡孩子有想去做一件事的欲望时，第一想到的不要是危险或可不可行，而应该是肯定，然后是怎样培养孩子的自我管理能力的问题。

从幼小时学做一些力所能及的、切身的、简单的劳动，在生活中逐步养成爱劳动、爱整洁、有条理的生活习惯，对孩子一生会有良好的影响。另外，孩子在自我照顾时，总是通过视觉、触觉等各感官来感知事物，探索窍门，通过做能想出各种办法，大脑和身体都得到了锻炼，人就会变得聪明。所以，父母要重视培养幼儿自我管理的能力，这是对孩子最有益的锻炼。

在培养孩子自我管理能力的时候，父母一定要有足够的耐心和信心，不要看着孩子在穿衣服或鞋子，穿了半天没穿好，就冲到他面前，边数落边赶快帮孩子把鞋穿上。要知道孩子的动作都是慢的，因为这个世界对于他们来说就是新的，大人看上去很简单的东西，对他们来说都要去学，反复练习才能做到。所以，请父母要有足够的耐心，给孩子练习的时间和空间。

另外，父母可以给孩子一个独立的、可以自由活动的小房间或者小角落，在这个属于孩子的空间里，应该让孩子自己来布置、设计，包括选择书桌、书柜、玩具、图书、装饰品及各种学习用品等。允许孩子在自己的空间里做一些自己感兴趣的事，比如，养几盆花、养几条金鱼，等等。让孩子能够独立地支配自己的小天地，让他觉得自己是个小主人。

孩子自我管理的能力，就是在生活中的点点滴滴中养成的，父母光是口头上对孩子灌输理念，是没有多大功效的，只有让孩子通过实践积累经验，才能锻炼出他勤劳自立的好习惯！

孩子的可塑性很大，早早训练他们的生活技能，能充分发挥他们的天分。孩子越能独立做事，他的自信心就越强，而自信心是每个孩子走向成功最不可或缺的因素。所以，从小事做起，从小开始，培养孩子"自己的事情自己做"的习惯吧！

自我激励的孩子永不沉沦

在孩子的培养过程中，父母应该要让孩子知道，他们面临的是一个充满竞争的社会，"物竞天择，适者生存"，"优胜劣汰"是普遍存在的现象，只有经历过磨难而依然不倒的勇者，才能在未来的竞争中获胜。父母必须清楚，要想让孩子能在充满竞争的社会中立于不败之地，就得让孩子学会自我激励，教会他们如何面对挫折，培养孩子坚韧不拔的意志和毅力。

小小咪学走路的时候正好是夏天，穿得比较少，适合小小咪迈开

手脚。刚学会自己掌握平衡不需要大人扶着，对小小咪来说是一件非常有成就感的事情。那天小小咪正好走得起劲，一下子没走稳，脚撇了一下，就摔倒了，这一摔可直接就是皮肉挨地，没有一层衣服隔着。小咪看见心疼地立马扑过去，把孩子抱起来，说什么也不放小小咪自己下去走了。

其实，生活中不可能都是一帆风顺的，在我们的成长过程中总会遇到各种各样的难题，父母应该让孩子明白，遇到困难并不可怕，我们不应被困难吓倒，要学会激励自己，战胜困难，在逆境中绽放自己的光彩。如果在困境面前退缩，表现得懦弱，那么一定会被这个社会淘汰。只有坚强的人才更懂得人生，更懂得如何提升自己，从生活中获得更多的经验。

如果小咪能做到放手，让小小咪学会自己努力爬起来，然后不被困难打倒，不怕摔跤，再继续学习走路，调整好自己的平衡感，那么小小咪一定能在短短的时间内走得又稳又好。只有在逆境中经过挫折锤炼而成长起来的人才更具有生存力和竞争力，也只有这样，他们才会有自己奋斗的经验，在失败中吸取教训，然后获得成功。要让孩子学会把失败看做一笔财富，懂得失败并不是永久的，失败乃成功之母，因此更具有笑对挫折、自我激励的风范。

让孩子学会自我激励、微笑面对生活是很必要的，但是父母在生活中应该如何引导孩子积极地生活，乐观地面对生活中的各种挫折呢？我们可以坚持以下几个原则：

1. 教孩子看到事情好的一面。

有的时候，孩子会因为遇到自己无法解决的事情而变得焦躁不安，这个时候，作为父母应该告诉孩子要面对现实，然后再想办法创造条件、解决问题。另外，还可以用其他的事情转移孩子的注意力，比如孩子比较感兴趣的话题等。等孩子情绪平复下来后，再适当地教育孩子如何解决问题。

2. 偶尔也要屈服。

孩子在遇到挫折的时，大部分人都会变得暴躁、不自信。但是，光有这些消极的情绪是无济于事的。作为父母应该告诉孩子如何冷静地面对已经发生的一切，并放弃生活中一些已经成为他们负担的东西，停止不可能取得成功的办法，及时地设计新的解决问题的思路。大丈夫能屈能伸，只要不是原则问题，不必太过于执着，在走到尽头的时候要学会转弯另寻出路。

3. 将消极情绪及时地发泄出来。

当孩子处在遭遇失败后的消极情绪中时，父母应该随时观察孩子的情绪，做孩子的倾听者和安慰者。让孩子明白这次失败了没什么大不了，我们还有无数次的机会来获得成功，爱迪生也是在无数次的失败之后，才发明出灯泡的。让孩子感觉到父母对他仍然充满信心，引导孩子将不良的情绪及时发泄出来。这样有助于孩子学会自我激励，摆正遇到挫折后的心态，能够在今后继续自信乐观地应对挫折。

耐心——不急不躁也是一种素质

在美国德克萨斯州一个镇小学的校园里，一个班的一些学生被老师带到一间空房里。然后一个陌生人走了进来，他给每个学生发了一颗包装精美的糖果，并告诉他们："这糖果属于你们，你们可以随时吃掉自己的糖果，我要出去办点事，约20分钟后回来。如果坚持到我回来再吃，将会得到两颗同样好吃的糖果。"

面对糖果，部分孩子决心熬过那漫长的20分钟，一直等到这个人回来。为了抵制诱惑，他们或是闭上双眼，或是把头埋在胳膊里休息，或是喃喃自语，或是哼哼叽叽地唱歌，或是动手做游戏，有的干脆努力睡觉。凭着这些简单实用的技巧，这部分孩子勇敢地战胜了自我，最终得到了两块果汁软糖的回报。而另外那部分性急冲动的小孩几乎在陌生人出去的那一瞬间，就立刻去抓取并享用那一块糖了。

耐人寻味的是，这个陌生人跟踪研究这些孩子20年，结果发现：那些能够为两块糖抵制诱惑的孩子长大后，有很好的学习品质、较强的社会竞争性、较高的效率、较强的自信心，能较好地应付生活中的挫折、压力和挑战。而经不住诱惑的孩子中有1/3左右的人缺乏上述品质，心理问题也相对较多。他们的学习成绩不如前者优秀，社交时他们羞怯退缩，固执己见又优柔寡断；一遇到挫折就心烦意乱，把自己想得很差劲或一钱不值；遇到压力，就退缩不前或者不知所措。

这项研究表明，那些能够为获得更多的软糖而等得更久的孩子要比那些缺乏耐心的孩子更容易获得成功。这说明了自制力这一良好的意志品格是成功者的重要心理素质。父母在孩子的早期教育中，应该将孩子自控力的培养置于重要地位。童年的教育是培养节制品格的开始，"延迟满足"练习是培养孩子节制品格、提高孩子的自制力的重要方法。

所谓"延迟满足"是指甘愿放弃即时满足的抉择取向，去等待一种更有价值的长远结果。"延迟满足"用我们平常的话来说，就是忍耐力和自制力的锻炼。这种品质对于成功是非常重要的。在生活中，我们也会发现，那些事业有成的人，总是能够为了追求更大的目标，克制自己的欲望，放弃眼前的诱惑。把一个个小小的欲望累积起来，成为不断激励自己前进的动力。而那些一时冲动犯罪的人，大多不能克制自己的欲望，被冲动这个魔鬼所控制，最终做出害人害己的行为。

在家庭教育中，如果孩子想要什么，父母就立即满足，孩子会形成这样一种观念：自己想要的东西总是能够很轻易地得到。久而久之，这会导致孩子越来越任性、贪心、急功近利。而在孩子的成长中，孩子的生活并不会随时都会有父母的呵护，所以最重要的是，父母应该设法让孩子懂得：世界不是以他为中心的，因此，必须学会等待，学会控制自己的情感和行为。培养孩子的自我克制能力，培养他理性思考和判断的能力，是孩子今后能够取得成功的必要前提。如果一个人想光荣、和平地度过一生，他应该学会在大事小事上都保持自我克制。

孩子的"延迟满足"能力的获得，并非一朝一夕、只言片语所能奏效的。没有人天生脾气很好，不需要注意和修饰；也没有人天生脾气很坏，后天的修养对他无济于事。脾气是可以受到约束的，好的耐性都是慢慢培养出来的。因此，父母应尽早开始培养孩子的耐性，"细水长流"式的培养才能真正孕育出自控能力强的孩子。

父母在生活中要让孩子学会等待，对孩子的一些日常玩乐、享受的需求给予"延迟满足"。最好让孩子做出适度努力后，再满足他的欲求。如果孩子想得到一件新衣服，就要学着自己洗衣服、刷鞋子、整理床铺。还可以采用积分制，孩子每做一件值得鼓励的事，就加几分，累积到一定数量，可以让孩子获得想要的某种奖励。

然而，延迟与否，延迟多长时间，都不是关键所在，最关键的是父母要帮助孩子形成一种认识：任何愿望都必须通过自己的不断努力来实现，耐性越大，取得的成功就越大。

专注——天才，首先是注意力

小小咪4岁的时候，非常活泼好动，一会儿哭着要跟妈妈去买菜，一会儿又闹着要和爸爸去串门。不过爸爸发现，好动的小小咪只要玩起玩具来，就会全神贯注不吵也不闹，悄悄一看，小小咪不是拿着天线宝宝在地上揉来揉去弄得一身灰，就是把积木扔满地。有一次带小小咪去院子里玩的爸爸发现，女儿竟然在花台边专注地玩泥巴，弄得身上满是泥点自己却浑然不知。于是爸爸赶紧把小小咪拉回家换衣服洗手，结果干净衣服才穿上，一眨眼的工夫小小咪又跑花台边接着玩泥巴去了。

一个孩子，为什么如此专注于玩泥巴？又为什么能够在游戏时非常安静呢？这是因为他们在玩的过程中同时进行智力的自我创建。孩子对于自己感兴趣的事，总是不厌其烦地去尝试，这个在大人眼中的枯燥举动，其实是孩子正在进行对专注的训练。这个玩泥巴的过程，锻炼了孩子的专注

能力。

很多家长看到自己的孩子玩泥巴，总会当场阻止并横加斥责。这些年轻的爸爸妈妈只知道泥巴会弄脏孩子的衣服和手，还会给自己带来麻烦，却不知孩子并不是单纯地玩泥巴，而是在认真完成一种工作。"工作"的目的是训练孩子的手眼协调、做事聚精会神、有秩序地完成一件事情的能力。同时孩子也借助四肢的活动，使自己的人格、智力与体能得到发展。如果家长们用心观察一下即可得知，孩子不仅仅是喜欢玩泥巴，更喜欢反复地玩同一样事物，父母就觉得奇怪了："难道孩子就不嫌烦吗？"实际上，反复也是孩子的智力体操，只有通过反复，才能够发现它内在的规律，这个规律就是要孩子自己去体会而不是从家长老师嘴里面学到。

所以，即便孩子只是在专心地玩泥巴，家长看到之后也应该感到高兴才行。正是因为孩子内心那股对这种体验的渴望才促使他们去做，虽然可能他们做得并不是很好。或许在开始的时候孩子根本就捏不出像样的东西，那只是因为他的手脑还没有完全协调。家长只要耐心地观察一段时间就会发现，他已经可以捏出某个物品的雏形了。当然，孩子不会总是专注于玩泥巴这一件事情，或许过了几个月之后他会突然对其他的什么东西感兴趣了，那就表示他的兴趣点又转向了另一个发展方向。

当孩子正在神情专注地面对某件"工作"时，父母千万不要以为那是毫无意义的事情而横加阻止。不要在孩子醉心于某件事情的时候打搅他，直到他的注意力转移到别的事情上。而且父母们也一定要为他刚刚完成的那个工作叫好表扬才是。

不少家长都反映自己的孩子做事情的时候不够专注，总是受到各种各样外部因素的影响，不知道用什么方法来集中他的注意力。其实，专注力是一种非常好的品质，但是要想让自己的孩子拥有这样的品质，还需要父母从小就对其悉心地培养。

培养孩子的专注力，最重要的是要让孩子对所要专注的事情产生兴趣。在这个过程中，父母要注意不要开展那些超过孩子经验范围的活动和游戏，因为一旦超出了孩子的能力所及，即便是游戏再有趣、再好玩，孩子也不会对其产生兴趣，更不可能专注地去做。当然，活动和游戏的难度也不能够太低，因为轻而易举就能够完成的事情，孩子也不会投入更多的注意力。因此，父母要把握好训练的尺度，寻找最适合孩子年龄的培训方式。

当然，孩子对一件事的专注时间是非常有限的，当过了这个时段以后，父母就不要再强制孩子继续沉浸在刚才的状态中，而是应让他做适当的休息，劳逸结合。孩子也喜欢玩，喜欢户外活动，经常跟小朋友一起在外面疯狂地玩耍。由于过度兴奋，回到家后他的思绪和神经都无法很快地安静下来，可是很多父母在这个时候却要求孩子立刻进入另一种安静的状态，如写作业、睡觉等。这种要求其实是很不合理的，因为父母没有给孩子过渡的时间。

思考——会思考的人，才是力量无边的人

从学会说话开始，小小咪说得最多的话就是"这是什么""为什么"，有时她会指着一个足球问："这是什么？"

"足球。"

"什么足球？"

"圆形的足球。"

"什么是圆形的足球？"

她总是能这样一直问下去，一直到小咪抓狂，不知道怎么回答了。

可能很多父母在遇到不知如何回答孩子问题的时候，要不就呵斥孩子不准问，要不就不予回答，或者说"你长大了就知道了"。其实，孩子在问问题的时候就表示他们在思考，因为他们有疑问所以才会询问。作为父母，要想让孩子有创造力，就不能束缚孩子的思想，更不能限制孩子自由思考的权利。

自由思考是一个人成功最重要、最基本的心理品质，会思考的人，才会获得成功，才是力量无边的人。所以，养成自由思考的习惯，是要成大

事的人必备的条件。自由思考的能力是一个孩子走向成功最重要的品质，也是成功人士的必备素质。所以父母不能对孩子进行墨守成规式的灌输，而是要针对孩子日常碰到的一些问题帮助他思考，启发他通过思考了解周围复杂的世界。

父母不仅应鼓励孩子自由思考，还要鼓励孩子大胆联想，思想越"疯狂"越好，提出的设想越多越好。西方古谚云："世上有 5% 的人主动思考，5% 的人自认为在思考，5% 的人被迫进行思考，而其余的人一生都讨厌思考。"这在某种程度上揭示了能进行主动、独立的思考并不容易。

凡是善于引发灵感、能够形成创造性认识的人，都很会用脑。一般人以为显而易见的现象，他们却产生了疑问；一般人用习惯的方法解决问题，他们却有独创。他们的特点是喜欢自由思考，遇事多问几个"为什么"，多提几个"怎么办"。任何创新项目的完成，都是自由思考和钻研探索的结果，因此就不能迷信、不能盲从、不能只用习惯的方法去认识问题，或只用已有的结论去解决问题，也不能迷信专家、权威，而是要从事实出发，从需要出发，去思考问题、探索问题，去寻找新的方法、新的答案、新的结论。

要促进灵感的产生，就必须多用脑，因为人的认识能力，是在用脑的过程中得到锻炼从而不断提高的。所谓多用脑，不是指不休息地连续用脑，而是要把人脑的创新潜能充分地发挥出来。爱因斯坦对为他写传记的作家塞利希说："我没有什么特别才能，不过喜欢寻根究底地追求问题罢了。"在这个寻根究底的过程中，最常用的方法就是自由思考。他自己深有体会地说："学习知识要善于思考、思考、再思考，我就是靠这个学习方法成为科学家的。"

毫无疑问，成大事者都是自由思考、具有创造性的人。为什么？自由思考可以引导成功。因为善于思考是创新的首要条件，而善于创新又是财富的重要来源，所以财富是想来的。一个善于思考问题的人，他的生活和工作将变得更加丰富多彩。一个具有自由思考能力的人，一个具有创造性的人，也定会是个成功的人。有志成功的人，应该有着自由思考的习惯；尤其是要成大事的人，只有养成了自由思考的习惯，才能在风风雨雨的事业之路上独创天下。所以，父母应该让孩子从小就拥有自由思考的空间，即是让孩子拥有了创造性思维，拥有了成大事的可能！

勤奋——打开成功大门的钥匙

现在的孩子都是独生子女，家里很多事情父母都不会要求他们做，而且有些需要孩子自己动手的事情父母也代劳了，这样就使得孩子养成了一种好逸恶劳、不思进取的思想习惯。他们不仅在生活上变得懒惰，在学习上也想依靠别人。

本来小小咪是一个很勤劳的孩子，因为小孩子对一切事物都充满了好奇，所以所有事情他们都愿意去尝试。但小小咪在被妈妈阻止了几次之后，渐渐也失去了这样的热情。很多事情小咪都会帮她准备得妥妥当当，所以小小咪什么都不用考虑，以至于后来上了幼儿园以后，老师布置了作业也不愿意自己写，反而央求妈妈替她写。

像这样的事情可能很多家庭都会遇到，尤其有一些家里有老人照顾孩子，对孩子会更加溺爱，说不定孩子一撒娇就替孩子把作业写了，其实这样反而是害了孩子。作为父母，我们不能助长孩子这种不良习性，孩子一旦变得懒惰，即使是再聪明的孩子也会因为懒惰而变得一无是处。相信80后父母都学过《伤仲永》这篇课文，一个才华横溢、天赋异禀的孩子，就是因为后天放弃了学习，不再勤动脑筋，而变得跟普通人一样，甚至还比不上一个天赋不如他、但是肯勤奋学习的普通孩子。

作为父母，我们不应该为孩子的智商低而气馁，也不要为孩子的智商高而沾沾自喜，而是应该将视角转移到重视自己的孩子是否勤奋努力上，并把这种理念传递给孩子，让孩子知道懒惰是他们成功的绊脚石，懒惰者永远不会在事业上有所建树，永远不会使自己变得聪明起来。人生没有一

帆风顺的，在这曲折的人生道路上，懒惰的人习惯于等、靠、要，从来没想过通过自己的努力去求知、发现、拼搏而获得成功，这样的人最终只会一事无成，一生碌碌无为。只有通过勤奋、刻苦，朝着自己的目标不断努力，才会实现自己的梦想，打开成功的大门。所以，我们应该帮助孩子克服懒惰，培养孩子勤奋努力的习惯。

第一，要帮助孩子从小养成早睡早起、按时起床的习惯。

第二，告诉孩子自己的事情自己做。

第三，帮助孩子树立劳动光荣的观念。在家里可以主动帮助父母做一些力所能及的家务，在学校也可以替老师分担一些事务，积极参加学校组织的各种劳动和户外活动，从而锻炼自己的意志力及耐力。

第四，从小就要学会制订学习计划。老师布置的任务要及时完成，养成先写完作业再玩的好习惯，不要总是拖拖拉拉，明日复明日，或者总想先玩一会儿过一会儿再写作业。

第五，为孩子寻找一个学习的榜样。可以找一个孩子喜欢的动画人物，或者是历史上的一些伟大人物，但其实最好的榜样就是父母自己。如果父母自己都非常懒惰，那又怎么来要求孩子勤奋呢？

第六，对于孩子的进步要多加鼓励。每天都让孩子检查一下自己的行为，看有没有变得懒惰，如果当天表现得很好，不管做什么事都很积极，就可以给孩子奖励一朵小红花，表示有进步了。只要能一直坚持，不出一两个月，孩子就会形成习惯了，久而久之，便会养成勤奋的好习惯。

总之，懒惰是一个人成功的大敌，只有学会勤奋努力才能顺利地打开成功的大门，所以我们一定战胜懒惰、战胜自我，才能不断地进步，获得成功。

第九部分：能力培养

- 培养宝宝人际交往能力
- 爱心＆感恩——不可忽视
- 学习＆创新——必不可少
- 梦想，需要宝宝全力以赴去实践

人际交往能力第一位

从某一天开始，再带家里的小宝宝去公园或游乐园玩时，妈妈会发现宝宝一直盯着别的小朋友看，好像很想加入他们的行列，而不是像以前一样只想黏着妈妈了。其实宝宝想要跟别人一起玩是很自然的事情，即使是很小的婴儿就已经是一个具有群体性的个体，刚出生才1个月的时候，小宝宝就想通过挥动小手、哭或其他方式来吸引别人的注意，开始他自己的人际探索。

宝宝的人际交往历程从出生到5岁会经历几个不同的时期，每一个时期都有其不同的发展特征。

根据幼儿游戏活动的变化我们可以发现，1岁以前的宝宝玩游戏时彼此之间是互不注意的，这是宝宝人际关系发展的萌芽阶段。在这个时期，最重要的是要建立宝宝的爱与安全感，所以父母在这个时候要给宝宝充足的关爱，让宝宝感觉到自己是个被父母关爱的人、有能力的人，这样才能发展出宝宝信任的基础，以后才能在信任的基础下开始培养宝宝的人际交往能力。如果在这个时期没有让宝宝获得充分的安全感，那么宝宝会变得不相信人，以后就很难与人相处了。

1岁到1岁半的宝宝在玩游戏的时候，就已经会和其他宝宝一起交谈、大笑、分享玩具了，这表示宝宝在这个阶段开始会与同伴进行互动，这个时期是宝宝的模仿期。他们还会跟着别的小朋友一起笑，如果有小朋友哭，他们会跟着一起哭，这就是为什么小朋友经常会哭成一片的原因。

等到了2岁，大部分的宝宝都能在镜子中认出自己，也可以在照片中找到自己，这表示他们自我认知的成熟度提高了。当他们能认识自己、了解自己之后，同伴之间发展的互动就会更快，宝宝也开始知道自己想和什么样的朋友一起玩。这个阶段的宝宝在玩游戏时，已经可以经由协调扮演不同的游戏角色和制定出简单的游戏规则了。

通常父母会帮助孩子拓展他们的人际关系，但要记住，在培养宝宝人际交往能力的时候不要给宝宝过多的压力，从而导致孩子在交友时出现障碍。比如说强迫孩子和别的小朋友分享玩具或零食，造成孩子的反感，反而变得不想交朋友。小小咪本来有一辆红色的滑板车，后来小咪认为小小咪长大了，不会再玩滑板车了，就将滑板车送给了住在楼上的一个小弟弟，这让小小咪很生气。通过这件事父母可以了解孩子是需要被尊重的，大人用命令的方式要孩子服从反而会产生反向效果。

另外，父母还要记住不能强迫孩子和自己一样，如果一个性格外向的妈妈生下的孩子性格比较内向，但妈妈却要求孩子跟她一样，一旦孩子做不到就数落他，这样反而更容易让孩子丧失自信心。

要帮助孩子拓展人际关系，培养他们的人际交往能力是最重要的。父母可以帮助孩子多创造一些与同伴相处的机会，不一定非得是同龄的孩子，混龄的同伴对孩子的能力培养帮助更大。在混龄的团体中，大一点的孩子可以教小一点的孩子，他们会很乐意这么做；而小一点的孩子则可以跟着大孩子学习更多的人际交往技巧，每一个不同年龄段的孩子和他们的相处方式都不一样，学会与混龄的同伴相处，对孩子人际的拓展更有益处。

教育孩子学会欣赏别人的优点，学会与人分享，这样的孩子人际关系自然就会好。父母要多花些时间和孩子一起聊天，和孩子一起讨论日常生活中或故事中的情节与交友方法，孩子自然就能够一步一步拓展自己的人际关系了。

理财是现代孩子的必修课

现在生活条件越来越好了，很多家庭在金钱方面不再像以前那么拮据，而且家里都是独生子女，一家人都宠着这棵小独苗，在物质方面都会尽量满足孩子，零花钱也没有什么限制，用完了就再给。现在广告无孔不入，渗透在各种媒介中，不管是平时收看的电视节目，还是马路上的广告

牌，都会有各式各样极富诱惑力的广告，煽动孩子打开钱包消费。

对于理财，你也许会觉得对孩子来说还太早，其实，培养孩子耐心细致的心理品质，树立正确的财富观念，养成良好的理财习惯，是现代孩子的必修课。一个人最先接触和学习知识的对象就是父母，所以父母的理财态度和行为，对于孩子未来的消费、储蓄等各种习惯具有很大的影响力。不管父母是有意还是无意的，孩子都会通过父母的言行学到理财知识与对待金钱的态度和使用金钱的习惯。如果父母仅仅通过口头告诉孩子要节俭，而自己却是大手大脚花钱，那孩子肯定也会养成挥霍的习惯。

想要培养孩子学会理财，就要从日常生活中的小事做起，比如教孩子学会合理使用零花钱、鼓励孩子储蓄和记账、让孩子理性消费等，让孩子学着做个聪明的消费者。理财教育并不是说要培养出多少个所谓的CEO，只是为了让孩子学会正确理财与规划自己未来的能力，进而能够独立自主。我们可以从孩子的零花钱入手，引导孩子形成正确的理财观念。

父母可以根据家庭和孩子的实际情况，在一定期限内，给孩子一定数目的零花钱。这个数目和期限一般是固定的，这样便于孩子对自己的开支计划有一个明确的预期。

父母应告诉孩子零花钱的使用规则，明确这是定时定额给予的零花钱，并要求孩子对零花钱的使用情况进行详细的记录。同时，也要给孩子足够的信任，多表扬、激励，同时要适当地提醒、监督，并在一个阶段后对记录的收支情况进行分析、小结。这样，孩子的零花钱在一个可掌控的范围内，就不会出现"提前消费"了；如果他一时兴起"提前消费"了，自然会为此而尝到苦果，那可比你一次一次的说教更有效。

我们还应该让孩子明白钱是从哪儿来的。可能很多小朋友都知道爸爸妈妈会给他钱花，但他并不清楚家长的钱是从哪儿来的。在给孩子零花钱的时候，父母应该让他们明白，钱是通过劳动得到的报酬，我们可以用它来换取需要的物品或服务。比如他们所得到的零花钱是爸爸妈妈上班付出劳动所得，他们可以用钱去购买自己需要的物品。孩子有时可能会提出一些超范围的购买设想，我们也不要立即反对训斥，我们可以询问一下孩子，是真的需要吗？手上的资金是不是足够？如果不够应该怎样？是先存够了再买，还是用自己的劳动获得的报酬支付？

如果孩子能够认真地思考这些问题，那说明他已经具备了一定的独立能力。通过日常的一些小事情，培养孩子正确的理财观念，何乐而不为？

从小培养孩子正确理财是没错，这个想法很好，但是就是怕在实践的过程中，会走了弯路。教育孩子劳动可以获得报酬，有可能有的小孩子从此以后和家长开口闭口都是钱，比如让他们帮忙倒杯水，也许现在孩子会说：我给你倒了一杯水，你得付给我多少钱，你需要用你的金钱来交换你需要的服务。不管做任何事情，他都会索要报酬。**父母此时千万别笑笑就算了，而是要对孩子讲明白，在家里，在朋友之间，大家是要互相帮助、互相关爱的，不是只能存在这种雇佣关系，不能有这种极端的思维。**

所以，我们要培养孩子正确的理财意识，让他们认真地思考该如何理财。教孩子管理好零花钱，是对他们理财思维培养的第一步。

自信等于好运

有自信的孩子，看起来阳光又健康，在与人相处、学习、心灵成长上，都会有很不错的表现，他们的笑容都能给别人带来温暖的感觉。但自信心的建立也不能操之过急，父母可以循序渐进，按部就班地培养有信心的孩子，尤其父母日常言语上的措辞、对待孩子的行为及赏罚方式都是影响的关键。

一般父母对孩子都有"望子成龙"、"望女成凤"的期望，在竞争越来越激烈的时代，对孩子的要求自然越来越高。当孩子一时没有达到父母的期望时，往往换来的是父母的一句"你太令人失望了"或"你看谁谁怎么就可以做好，你怎么就不行"这一类责难、嘲讽的口气。

其实，孩子的发展本来就具有个体差异，在他们的成长过程中，父母如果一直以这种比较和责骂的方式来对待孩子，会使孩子觉得自己的确不如他人，他会开始不相信自己的能力，慢慢也会失去学习的兴趣，从而使自信

心越来越低落。所以父母对孩子的期待要符合孩子自身的能力，合适合理，不要给孩子加诸太多的压力。当孩子在慢慢进步的时候，不要忘了给孩子适当的鼓励和肯定，让孩子可以从父母的肯定中，发掘并奠定自信心。

有的父母做法又刚好相反，因为是独生子，所以对孩子特别宝贝，什么事都不需要孩子做，把孩子的生活起居照顾得无微不至。孩子什么都不用插手，什么都不用学，这种全方位照顾型的父母，最容易教出自信心薄弱的孩子。其实父母在适当的时候应该学会放手，让孩子自己试着完成最基本的生活自理。当他们完成一件事的时候，会很容易从中获得满足感，对孩子来说这也是一种成就。如果能从孩子的自理开始，培养孩子的常规行为，便可帮孩子建立自信心。

　　　　小咪就曾经这样带小小咪，什么事情都帮小小咪做好，在小小咪刚去上幼儿园的时候，什么都还不会做。因为一直都是小咪喂饭，所以小小咪自己不会用勺子，也不会脱衣服穿衣服，不会自己去厕所。和其他的小同学比起来，她什么都不会。

像小小咪这样，去了幼儿园之后，什么都不会做，在同伴之间似乎就失去了被尊重和认同的意义。孩子需要的并不是这样的生活，而是父母的陪伴和学习的机会，在顺利做好某件事情后，父母对自己的肯定就会转变成自信心，在思想上就会更希望继续完成自己的事情。

慢慢地在适当的时机，给孩子一些帮助别人的机会。比如：让孩子帮着收拾一下桌子上的东西，提太多东西的时候让孩子帮着分担一点等，类似这样的小事情，当孩子顺利完成之后，父母要对孩子加以肯定，并给予一定的表扬，让孩子知道这些举动是可以获得赞许的，以后他们便会更加乐意帮忙做一些事情。

适当的赞美，可以帮助孩子提高自信心。通过父母的帮忙和陪伴，多给孩子一些肯定和鼓励，在成长的过程中奠定孩子自信的基础。但值得注意的是，不要过度纵容孩子的行为和夸大地吹捧孩子的某些能力，这样会造成孩子的"自大"心理。

因此，父母在培养孩子自信心建立的同时，不要忘记要适时地给予规范，甚至在与同伴的相处过程中，都记得谨言慎行，给孩子做一个好榜样！

责任心是孩子幸福的砝码

"小小咪，我出去一下，你和小弟弟在家好好玩啊！"

"好！"小小咪头也不抬地就答应了。楼上的小弟弟在家里玩，正好小咪要出去一下，小小咪就和小弟弟自己待在家里了。

小小咪自己在那玩积木，正在想怎么把那两块积木连在一起，心想过一会儿再去和小弟弟玩，没想到一下就出了状况。"砰——哐——"，原来小弟弟想拿那个桌上的杯子喝水，搭了凳子去拿，结果一不小心摔下来了，杯子也摔坏了，小弟弟头也磕到了，"哇哇"的大哭。小咪一回来看到的就是这样的画面。

小小咪站在一旁也不敢做声。

小咪后来跟小小咪说，在生活中，很多人总是习惯为自己寻找各种各样的理由，其实这是没有责任心的体现。责任心，是一个人日后能够立足于社会、获得事业成功与家庭幸福至关重要的人格品质。

责任心体现在诸多方面，比如把用完的玩具收拾好、把看完的书本放回书架、完成老师布置的作业和交给的任务等，一个具有强烈责任心的人更容易为自己为他人为社会负责，他是一个对他人热情关怀、对朋友忠诚守信、对学习和工作认真负责、而且还是一个关心社会、热爱祖国的人。

事实证明，只有有责任心的人才能成就事业，社会也需要有责任的心来营造和谐。责任无大小轻重之分，所有的责任都同样有意义，同样需要人们去承担。只有承担起自己的责任，我们才能扮演好各种各样的角色；也只有勇敢地承担责任，生命才有了和谐美好的精神意义。可是，生活中，

人们往往对于承认错误和担负责任怀有恐惧感。因为承认错误、担负责任往往会与接受惩罚相联系。所以，很多人找出各式各样的理由和借口来为自己开脱。殊不知，这样并不能掩盖并弥补已经出现的问题，也不会减轻要承担的责任，更不会让你把责任推掉。缺乏责任感难免会受到惩罚，但与其为自己的错误找寻借口，倒不如坦率地承认错误。敷衍塞责，找借口为自己开脱，只会让人觉得你不但缺乏责任感，而且还没有胆量承担责任。没有谁能做得尽善尽美，但是，一个主动承认错误的人至少是勇敢的，如何对待已经出现的问题，能看出一个人是否能够勇于承担责任。

所以父母应该从小就培养孩子的责任心，有意识地交给孩子一些任务，从简单的开始，锻炼孩子独立做事的能力。随着孩子慢慢地长大，父母要教育孩子自己的事情应该自己做，可以在做之前教给孩子正确的方法，鼓励孩子认真对待。**如果孩子遇到困难，父母也不要插手，如果孩子有意求助或愿意求助，再口头上告诉孩子应该怎么做，让孩子有机会把事情独立做完。**父母要鼓励孩子做事情有始有终，不能半途而废。因为小孩子做事情没有什么持久性，经常会被别的新鲜事所吸引，而忘记自己手中正在忙着的事情，所以对于交给孩子做的事情，不管多小，父母事后都要检查一下，以便培养孩子做事持之以恒、认真负责的好习惯。

当孩子有了初步的责任意识之后，可以适当地让孩子知道父母在生活中的一些忧虑与难处，引导孩子进行思考，大胆发表自己的意见。让孩子了解到家庭的幸福美满不仅要靠父母，还需要孩子的共同参与，进而让孩子明白他对家庭的责任心是大家幸福的砝码。

爱心 & 感恩，不可忽视的能力

"只要人人都献出一份爱，世界将变成美好的人间……"在募捐现场经常能听到这首歌。小小咪听到歌声就往人群用力挤过去，小咪拉都拉不住，走进去才知道是为希望小学捐款。这个时候，小小咪还不知道是怎么回事，就问妈妈："他们在干吗？"小咪给孩子解释道："因为很多小孩子住在比较偏远的山区，那里很穷，没有教室也没有书本，他们都读不起书，所以大家都在为他们捐款，想为那些孩子盖一间明亮的教室，这样他们就可以读书了。"

"真的吗？那我也把我的零花钱捐出来，我希望所有的小朋友都像我一样可以上幼儿园。"看到孩子这么懂事，小咪很欣慰。

泰戈尔曾说："爱是亘古长明的灯塔，它定睛望着风暴却兀不为动，爱就是充实了的生命，正如盛满了酒的酒杯。"爱就像氧气，充满在生活的周围，充满人的内心。爱之所以伟大，是因为它不仅仅对个人而言，更是对整个社会而言。

"爱"是我们生活中不可缺少的一个重要因素，对于孩子我们不仅要给他们被爱的感觉，更重要的是要让他们学会如何去爱人。只有在充满"爱"与"被爱"的环境下，孩子才能健康成长。因此，父母在给予孩子爱的同时，也要利用机会对孩子进行爱心教育。因为爱可以让孩子留意到别人的难处，并激发他们的良知与感情。孩子会因为爱而变得有同情心，有同情心才会理解别人的需要，才会去帮助那些有需要的人。一个不懂得爱的孩子是冷酷的，他们的感情生活也将会一片空白。

爱是人类的天性，无论在什么情况下，有爱心的人始终心系他人的安危，不会过分关注个人的得失，更不会因为别人的欺骗或者背叛而改变自己的爱心。也许我们今天生活在宽敞明亮的教室里，吃着可口的饭菜，穿着光鲜美丽的衣服，所以觉得苦难离我们很遥远，但是事实真的如此吗？天有不测风云，没有人能预测到明天会有什么样的事，如果今天我们不去同情和帮助别人，那么明天当我们处在困难甚至是苦难之中时，谁来帮我们呢？古人云："人之初，性本善。"施爱行善是人的天性，真正有爱心的人，无论在什么时候都不会放弃自己的爱心，即使是面对伤害过自己的人时也是如此。

其实，幼儿时期的教育，尤其是感恩教育是教孩子充满爱心的基础。告诉孩子如果想得到生活的眷顾，想做生活的主人，那么，就应该学会真

诚地感谢生活，感激自己所得到的一切，以平常心看待生活中的每一件事情，尤其是在遇到困难、遭到不幸的时候，仍然要感谢生活。有了感恩的心，孩子便会懂得什么是爱，应该如何去爱。懂得感恩，是一种传统美德，也更容易让孩子具备爱心。享受了别人的关爱，然后懂得回报他人，爱就能一点一点地增加。因为每个人都有爱心，都有能力去爱，学会感恩便可以将爱放大，让更多的人感到温暖。有了感恩的心，就能懂得满足，更容易感受幸福，能够珍惜眼前。

培养孩子的感恩之心，是一件需要日积月累的事情，不可能让孩子一下子就具备了这个能力，也不是光靠说教就行的。要从日常生活中的小事开始引导孩子，可以让孩子首先学着从感谢父母开始。让孩子知道父母为自己做事后，要说谢谢；当父母累了时，要给予关心，给他们倒水、拿拖鞋、捶背揉腿；当父母生病时，要知道为他们分担痛苦，做些力所能及的事；需要外出时，应告知父母行踪。让孩子每天和父母说句感恩的话，并和父母一起体会感恩的情感，给孩子一个良好的影响。

由此可见，感恩教育就蕴藏在生活中，关键是，父母应该从自身做起，以榜样的力量感染孩子。如果父母懂得感恩，感恩父母、感恩师友、感恩周围的人、感恩生活，那么我们的孩子也会模仿父母，学会感恩。孩子有了感恩的心，便会懂得感谢父母、感谢周围的朋友。是父母将他们养育成人，教会他们做人的道理；是朋友在困难的时候伸出双手，给予他们浓浓的友情。

在孩子的成长路上，如果他们学会了感恩，便会懂得什么是爱、应该如何去爱，一路上也必有爱相伴。一个有爱心的人一定是满足而快乐的，因为关爱别人所得到的快乐必定将他的心填得满满的。充满爱心的人也一定会更平和，更热爱生活。

学习与创新是辉煌的起点

孩子天生就喜欢学习，但不是每一个孩子都善于学习。只有让孩子拥有了一定的学习能力，他们才能真正地学会相关知识。叶圣陶曾经说过："培育能力的事必须持续不断地去做，且必须随时改善学习方法，提高学习率，才会成功。"所以也有这么一句古话：授人以鱼不如授之以渔。

很明显，对父母而言，最重要的就是教育孩子掌握"捕鱼"的技术，而不是送给孩子现成的"鱼"，让他们养成坐享其成的习惯。也就是说，父母指导孩子学习的时候直接告诉他们答案，不如帮助孩子学会解决问题的方法。

小小咪的表哥是五年级的学生，有一天在家里做寒假作业，遇到了一个难解的数学题，于是拿着作业本去问小咪。小咪一看，是一道方程题，于是按照题意一步一步写出了算式，还帮着算出了答案。小表哥高兴地往本子上一抄，就算完成了。

可是，问题很快就发生了，作业本最后又有一道类似的题目，他又不会做了。

这是怎么回事呢？后来小咪才明白，对于一个孩子不懂的问题，如果把答案直接告诉了孩子，那么他们并没有经过自己的思考，没有真正地理解，他们接受到的是现成的结论，所以他们并没有掌握解题的方法，再遇到类似的题的时候只要数字一变，他们仍然不会解答。所以，应该设法让孩子掌握学习的方法，并告诉孩子一个人的能力和水平是有限的，我们只有通过不断地学习才能不断地提高自己，学了之后要懂得学以致用，对于自己不知道的知识要虚心请教，不能不懂装懂，自以为是。

当然，学习能力也不是一蹴而就的，需要有毅力、耐心，也离不开父母的帮助和指导。但是父母要记住不能过分地帮忙，一切包办，这样会让孩子养成一种依赖心理。让孩子善于自己思考问题，学会学习的方法，孩子才能有兴趣学习。不一定要拘泥于传统的解题方式，我们也可以创造出新的方法来解决问题。当孩子爱上学习的时候，才会学得轻松，才会学以致用。

但是现行的教育方式让大家都比较认同"标准答案"，因为父母认为

如果孩子的答案和"标准答案"一致，那就是百分之百地正确，他们就能得到高分，就能考个好名次，就能得到老师的赞赏，就能进入好学校。其实，这是以牺牲孩子的创造力为惨重代价的。现在的孩子接触外界的机会很多，在许多事情上都开始有自己的想法，对任何的事物都有想要探个究竟的心理，而且会用自己的一套方式来解答自己心中的疑问。孩子接触的事物和知识让孩子的视野开阔，能力提升，很多事情他们都能用自己创新的方法来解决。但是父母却是墨守成规的，如果父母只是单纯地严厉禁止，甚至斥责、打骂，让孩子只能遵循传统的学习方式，那样得到的结果就会完全不一样，可能孩子再也不会喜欢动脑筋去发明创造，孩子创新的激情与智慧从此就被阻断。在孩子身上一颗曾要发芽的种子，可能再也不会生长、萌芽了。

创造能力是孩子与生俱来的，自他们出生的那一刻开始，就对周围的环境感到好奇，会用眼睛、小手、小嘴去探索陌生的事物，虽然只是单纯的感觉，但也是他们探索世界的第一步。我国著名的教育家陶行知先生说："处处是创造之地，天天是创造之时，人人是创造之人。"父母应该从小培养孩子的创造力，鼓励孩子进行探索性的玩耍，对孩子具有创造能力的思维进行鼓励和支持，帮助孩子摆脱人云亦云的平庸，这对孩子的未来发展非常重要，而不应该将孩子的创造能力扼杀在萌芽期。

竞争能力——孩子出人头地的资本

相信大家都听过这样一个故事：相传，挪威人从深海捕捞的沙丁鱼很难活着上岸，抵港时如果鱼仍然活着，卖价就会高出许多，所以渔民们千方百计想让鱼活着返港。但种种努力都失败了。

奇怪的是，有一位老渔民天天出海捕捞沙丁鱼，返回岸边后，他的沙丁鱼总是活蹦乱跳的。而其他几家捕捞沙丁鱼的渔户，无论如何处置捕捞到的沙丁鱼，回港后仍然全是死的。由于鲜活的沙丁鱼价格要比死亡的沙丁鱼贵出一倍以上，所以没几年的工夫，老渔民一家便成了远近闻名的富翁。周围的渔民做着同样的营生，却只能维持简单的温饱。

老渔民在临终之时，把秘诀传授给了儿子。原来，老渔民使沙丁鱼不死的秘诀，就是在沙丁鱼的鱼槽中，放进几条鲶鱼。因为鲶鱼是食肉鱼，放进鱼槽后，鲶鱼便会四处游动寻找小鱼吃。为了躲避天敌的吞食，沙丁鱼自然加速游动，从而保持了旺盛的生命力。如此一来，沙丁鱼就活蹦乱跳地回到了渔港。

这则故事就告诉我们，如果动物没有竞争对手，那么它们也会变得死气沉沉，并且很难存活。人也是这样，如果一个人没有竞争对手，或者他也没有把自己当作竞争对手，那么他就会甘于平庸，一辈子庸碌无为。在这个社会上，有一条众人皆知的法则，那就是适者生存。想要适应社会，就必须把自己锻炼成为生活的强者，否则只能被淘汰。而生存的力量和源泉就是竞争，只有不断竞争，才能不断进步，从而在这个丛林中维持自己的生命力。

但凡是事业有成的人无不是竞争的典范，竞争让他们从众多人之中脱颖而出，成为各个领域的佼佼者；竞争让他们磨炼了自己的意志，让他们一路上勇于拼搏，不断进取；竞争还锻炼了他们的胆量，让他们总是不断超越别人，超越自己。在这个发展迅速的年代，激烈的竞争无处不在，许多父母都已感受到培养孩子竞争意识和竞争能力的必要性与迫切性。从小就培养孩子的竞争能力，是让孩子出人头地的资本！

我们首先要帮助孩子建立拼搏精神和竞争意识，让孩子坚定弱者不败的信念，不要因为弱小就不敢与他人竞争，弱者也有自己生存的方式，只要相信弱者不败，勇敢地面对困难，就能培养出竞争意识；要帮助孩子找到竞争的优势，鼓励孩子相信自己有力量和能耐去实现他们给自己定下的目标，一个不自信的孩子，从根本上就失去了竞争的能力，父母要帮孩子发现自己的长处，使孩子能走出自卑，相信自己；要引导孩子正确地面对竞争对手，把竞争对手当成自己学习的对象。

对孩子竞争能力的培养，父母还要教育孩子该如何正确对待竞争，以良性竞争为出发点，避免孩子产生偏激的心理。引导孩子在竞争中学会合作，让孩子学会判断哪些竞争手段是卑劣的，应该摒弃，并且在竞争中学会宽容别人，以免造成不良的人际关系。

作为孩子的第一任老师，父母在培养孩子的过程中起着重要的作用。要让孩子拥有健康的竞争心态，让孩子明白即使是竞争也应该具有广阔的胸怀，而不应该是狭隘的、自私的。在竞争过程中，不应该使用阴险计策，而应该是光明正大的，靠自己的实力说话。就算是竞争对手，也不排除有合作的可能，一味地追求打击别人，也是不容易获得成功的。

最后，要教育孩子正确对待竞争得失，不管是成功还是失败都不要走入极端。成功了，不骄傲，继续努力；失败了，也不气馁，更不嫉妒，学习别人的长处，再接再厉。最大限度地调动孩子的潜质，调动孩子学习、生活的积极性，让孩子创造出一种积极上进的作风。

实践能力——做永远比说重要

所有人的心中都有一个梦想，但真的要通过努力去实现的时候很多人却会找借口给自己开脱，对梦想选择视而不见，或者只当是自己心中的一个念想。我们没有亲身体验这个实践的过程的时候，就觉得任何事情都很简单，但一旦要求你真正去做的时候，会觉得做起来是那么艰难。相信大家都听过这样一则故事：

在偏远地区有两个人，其中一个贫穷，一个富裕。

有一天，穷人对富人说："我想到南海去，您看怎么样？"

富人说："你凭借什么去呢？"

穷人说："我有一个水瓶、一个饭钵就足够了。"

富人说："我多年来就想租条船沿着长江而下，现在还没做到呢，

你凭什么去？！"第二年，穷人从南海归来，把去过南海的事告诉富人，富人深感惭愧。

这个故事说明了一个很简单的道理：说一尺不如行一寸，做永远比说重要。作为父母，一定要让孩子真正地体会到，说和做是远远不一样的。只有我们放手去做了才会明白其中的深浅，才能体验到其中的艰辛，才能真切地体会到成功的喜悦。很多事情，大家都明白其中的道理，都知道应该要如何去做，但偏偏没有去做，这就是为什么有的人能获得成功，而有的人却永远做不到，因为他根本就没有付诸实践，那么说得再好都是枉然。

我们应该清楚，只有行动了才会产生结果，行动才是成功的基础。任何伟大的目标、伟大的计划，如果不去实施那也只能是泛泛而谈，必须落实到行动上才有可能获得成功。拿破仑说："想得好是聪明，计划得好更聪明，做得好是最聪明又最好。"所以，父母应该教育孩子不要只是憧憬，不要只是计划，不要仅仅是口头上说，对于要做的事情，就应该积极地行动起来，行动才能使一切成为可能。

小小咪在家里总说："妈妈我以后要长好高好高，然后可以去参加奥运会。"小咪就告诉她："参加奥运会除了要长高，还得要有强健的体魄，所以你平时要多锻炼身体，吃饭不能挑食，才能身体棒棒的，这样才能参加奥运会呢！"

"那我从明天开始每天都锻炼身体，去健身、去跑步……"

可是，第二天早上小小咪依然不愿意起床，总赖在床上，还说："妈妈，等天气暖和一点了我再开始锻炼身体吧！"

相信很多小孩子都像小小咪一样，有一个伟大的愿望或梦想，但是最后成功的却只有那少数的一些。因为梦想光用嘴说是不能实现的，一旦有了梦想，我们就应该努力用行动去实现自己的梦想。父母应该告诉孩子如果有梦想但没有努力朝着这个梦想前进，有愿望但不能拿出力量全力以赴，

这都是不能成大事的。只有下定决心，经过不断地学习、奋斗，付出自己的汗水和心血，才会如愿以偿地摘下胜利的果实。

独立能力——学会展翅，才能高飞

现在很多家庭的小孩子在家里都是独生子，集万千宠爱于一身，父母常以代劳的心态教育着幼儿，导致孩子变得事事依赖，缺乏解决问题的能力与经验。因此当孩子在接触群体生活时，会出现不适应的情况。究竟什么情况下家长应该学会放手，让孩子自己学习独立呢？

独立在某种程度上来说就是脱离，孩子的独立就是脱离父母，同时父母也要学会放手。随着孩子的成长，他们的生活自理能力应该逐渐加强，他们会越来越独立。但是很多父母都觉得，孩子还太小，没那么懂事，不必要求孩子什么都会做，等孩子再大一点，他们自然会比较容易学会，那时候再培养他们的独立性比较好。其实这种想法是错误的，也许孩子还不能自觉地去做什么事情，可能手脚协调能力也没有发展完全，但是独立的性格和意识，却是越早培养越好。

在孩子1岁左右时，父母就可以对他们进行独立自主意识的培养。孩子长大后，总是要离开父母身边走向自己的生活的，与其让孩子以后无法自理仍需要依靠父母，还不如让孩子尽早独立。这样对孩子以后的生活、学习及事业的成功都具有非常重要的意义。

比如在生活中，我们经常可以看到一些家长端着饭碗，跟着小孩子到处跑，追着喂饭，而孩子一边玩耍，一边停下来吃上两口，然后含在嘴里半天也不嚼。这样吃一顿饭要花上一两个小时，尽管这样，孩子还瘦得像营养不良似的。本来，让孩子自己吃饭、穿衣、上厕所是件很平常的事情，但很多父母都自己替孩子代劳了。其实，不管是吃饭、走路，还是其他的什么事情，孩子在开始的时候都会表现出强烈的求知欲和好奇心。正是因为这种求知欲和好奇心帮助孩子扩大了他们的认知范围，培养了他们的独立能力，而且，孩子会因为做成某件事情而产生成就感，增加自信心。

还有的时候孩子与同伴一起玩耍，和小朋友发生了冲突，被同伴嘲笑长得太胖或太矮，有的父母可能会担心孩子的心理受到伤害而去教育其他小孩子，其实这又何尝不是一个让孩子学习自我调适的机会呢？其实父母可以先观察一下孩子的反应与表情，不要急着去教训孩子的同伴，这样的话孩子以后再遇到这样的事情也会学着父母这样的处理方式。可以事后再与孩子一起分享，听听孩子具有怎样的真实感受，当孩子表示不适时，给孩子一个拥抱和安慰，并告诉孩子："在妈妈眼里，你永远是最棒的！"

由此可见，孩子的独立，除了生活上的自理，还有心理上的自理。有的父母可能会注意到培养孩子生活上的自理能力，但是最容易忽视的也是最重要的就是孩子心理上的自理。不要认为给孩子讲道理讲不通，自以为是地认为孩子年龄小而不懂得道理，就将自己的意愿强加给孩子。与此同时，还会以孩子小为借口，对孩子的一些不良行为也不给予纠正，一定要等到发展到严重程度时才加以指责，但却为时已晚。这些错误的做法，往往让孩子心理产生很多疑惑，使孩子心理上不能独立。

对孩子来说，他们确实需要父母的爱，因为家人的爱能让孩子健康成长，但是不能因为这样而给孩子超分量的爱，要注意让孩子全方位发展。所以，父母不仅要对孩子的生活自理能力进行培养，还要记住随时观察孩子心理状态和行为方面的情况，让孩子的身心都能尽早地独立起来。

第十部分：孩子的安全

提高警惕，给孩子一个安全童年

孩子的成长过程中，有两个方面的安全问题需要父母引起重视，第一个就是心理安全，第二个就是人身安全，两个安全都需要父母花不少的心思。

第一个问题：心理安全

在现实生活中，人们常常会处在一个个问题中，会遇到一个个的困难，经常会被愤怒、沮丧、紧张等负面情绪袭击或控制；面对生活上各种各样的压力，人们内心隐隐涌动着不安。同样的，我们的孩子也生活在这样的环境中，他们幼小的心灵完全不能明白成人的世界是什么样的，他们只能感受着变幻不定的家庭心理气候。如果父母在家里经常吵架，或者因为在工作上、生活上遇到一点点的小问题就迁怒于孩子，因孩子的一点点小错误而大发雷霆，让孩子整天生活在惶恐不安的状态中，就使孩子得出一个结论：生活是不稳定的、不踏实的、不安全的。于是，一颗缺乏安全感的种子，就这样埋在孩子的内心深处，并伴随孩子一生。

4岁的明明除了妈妈以外不让任何人轻易地接近，一旦有生人靠近，他就闪躲。他拒绝任何人触摸他，一旦有人要接近他，他的情绪就会不稳定、紧张，甚至会大哭。明明的妈妈很焦虑，觉得孩子胆子太小，有时明明哭闹，妈妈甚至会忍不住对明明发脾气："你这孩子是怎么了啊？烦死了。"妈妈搞不清孩子怎么了："看别人家的孩子，都那么听话，人家父母也没怎么花心思，孩子不长得挺好的？""是不是他天生就胆小呀？""长大可怎么办呀？怎么跟人交往？"

通过明明的情况，我们分析出结论，这是孩子的安全感出了问题。内在的不安，导致孩子恐惧和排斥外在的环境和他人，这使得孩子没有能力去与周围的小朋友交往、相处。家庭的一些不安因素都会影响到孩子，尤其是父母的情绪。可能有的父母还不太清楚，觉得夫妻双方之间吵两句，并没有影响到孩子，不关孩子的事，而且他们也没有因为大人的事情迁怒到孩子身上，就对孩子没有影响。但是他们想不到的是，孩子总是在父母争吵的这种环境下生活，那么他们体验到的就是不安全的感觉。孩子不知道爸爸妈妈是因为什么原因吵架，有时候还会以为是因为自己而引起了父母的争吵，这样而导致不安，甚至会让他以后做任何事情都畏首畏尾。

父母争吵，频繁搬家，父母情绪不稳定，父母缺乏安全感，生活不稳定……这诸多因素，都会影响孩子安全感的建立，导致孩子内在心理上的不安。所以，我们应该尽量给孩子一个快乐幸福的家庭，即使夫妻之间有什么小问题也应该理智地解决，不要当着孩子的面争吵，更不要对孩子发火。白天上班时候的情绪不要带回家里，回到家就应该开开心心，再难解决的问题也会有解决的办法，给孩子一个健康快乐的童年。

第二个问题：人身安全

2004 年，苏州市吴中区小剑桥幼儿园，28 名小朋友被失去理性的歹徒持刀砍伤。

定安一名 9 岁的男孩放学回家的路上被一辆满载水泥的拖拉机拦腰轧过，结果把男孩的屁股轧没了，并造成男孩大腿骨折和尿道损伤。

2013 年 3 月 4 日，一条新闻撼动了所有人的神经，并在社会上引起强烈反响。长春市一对夫妇把自己两个月大的婴儿留在车内，车和婴儿竟然一起失踪了！几天后，传来了窃贼将婴儿掐死埋在路边的噩耗。我们在为这凶手的残忍感到愤怒和为家人的遭遇感到同情的同时，也要反省一下作为父母我们是不是太粗心了。而在网络上也经常可以看到有粗心的父母放下孩子去追吹走的伞，在大商场里和孩子玩捉迷藏，或者让孩子自己去触碰危险物品等事件。

摔伤、烫伤、触电、车祸、溺水、中毒……转瞬间，一朵朵美丽的花蕾就这样枯萎，年幼的生命就这样被扼杀，一个个天真可爱的笑容从此永远消失！还有防不胜防的拐卖，不容回避的性侵犯，烟、酒、毒品对孩子的引诱和毒害，以及突发的暴力事件，也在威胁着孩子的安全。还有那一桩桩发生在幼儿园的幼儿意外伤亡事故更是给予社会深刻惨痛的教训。这些事件无不震惊全国，令所有的父母不寒而栗，也引起了全社会的高度关注。

作为父母，如何才能让孩子避免受到这些伤害？如何才能为孩子营造一个安全成长的环境和生活空间，给孩子们一个安全的童年？其实，在生活中父母对孩子的照顾可以说是无微不至的，为了不让孩子受到伤害，他们也采取了很多的保护措施。但孩子那强烈的好奇心始终驱使着他们不断地对外界进行探索，所以，想要有一个绝对安全的环境也是不太可能的。如果为了孩子的安全，仅仅采取限制孩子的各项活动的方式，反而在无形中剥夺了孩子通过实践学习自我保护的机会，从而导致一些事故的发生。

其实，在孩子的成长过程中，最有效的方法就是主动教给孩子避免伤害的知识，增强孩子的自我保护能力。**在孩子2岁以前，家长应该提高警惕，主要以防范为主。当孩子慢慢长大时，便可以通过游戏的方式将一些事态的危害性告诉孩子，让孩子对危险的事情有个深刻的认识。**比如说要让孩子明白很烫的东西不要用手去碰，可以用杯子接一杯开水，让孩子用手背快速地碰一下杯身，让他亲身感受烫到手会多么疼痛；可以让孩子把他的一辆旧玩具车停在楼梯口，然后推一下让车滚下去，当他亲眼看到车子被摔得七零八落时，他就会明白在楼梯口打闹会有多么危险。这样，孩子慢慢地就会对一些危险的情况有了感性认识。但是记住不能凭空吓唬孩子，可以用事实来证明。父母要逐渐地告诉孩子一些安全知识，比如还有不能乱摸插线板、电器，不要随便拿着棍子玩，在河边玩耍要有大人相随等。

最重要的是父母应该以身作则，给孩子做好示范。孩子每天受到父母的熏陶，自然会谨记这些安全常识，从而注意安全。但有的父母自己都不怎么遵守交通规则，反而天天叮嘱孩子过马路要看红绿灯，走斑马线。试问自己都做不到的父母还怎么来教育孩子？！所以，任何事情都要记住从自身做起。

为孩子营造安全的活动空间和成长环境

　　金牌村里快 3 岁的小宇和奶奶一起去别人家做客，奶奶看别人打麻将去了，3 岁的小宇在旁边玩，不小心碰倒了桌上的开水壶，一壶开水就顺着他的脖子流了下来，造成了大面积的烫伤。就是一眨眼的工夫，灾难就已经发生。

　　每个宝宝都"身娇肉贵"，日常生活中总不可避免地会遭遇到各种意想不到的危险。父母应该如何给孩子提供一个安全的活动空间和成长环境呢？

　　家是婴儿出生后的天然生活场所，也是婴儿最初活动最具吸引力的空间。在婴儿的眼中，一切都是新奇的，只要他们能够接触到的，他们都要放在嘴里尝尝，用手摸摸，好好看看……但是因为他们没有最起码的安全意识，因而极易造成意外伤害。然而，普通家庭往往没有能力为婴儿准备一个专门的婴儿房。

　　鉴于此，我们建议有婴幼儿的家庭最好不使用玻璃制品的家具，如茶具、书架、碗橱等，或是在家具尖锐的边缘上安装塑料套或用纸带将边缘粘好，以免割伤婴儿。现在的家居用品商店已经考虑到了这一点，专门为有婴幼儿的家庭设计了圆角家具，父母们选择此类家具，就为婴儿消除了一大安全隐患。

　　父母最好能多次、反复地告诉能听懂话的婴幼儿玩耍时远离家具，在婴儿游戏时父母能陪在他身旁则是最理想的。

　　营造一个安全的环境，需要从细小处着手，比如：

　　第一，远离电源。

　　警告婴儿不要拉拽和插拔电源线。对于空着的插座，应用胶布将其粘住，以防婴幼儿将手指或其他东西插进去而造成危险。有些父母在这些地

方用红色指甲油划上叉，然后告诉婴儿："这个红叉不能碰，否则会出意外。"养成婴儿见红叉就主动避开的习惯性反射行为，这也不失为一个好办法。

第二，注意易倒、易夹绞物品的家庭用品。

电风扇、落地灯、摇椅及自行车等物品容易被推倒或容易夹、绞婴儿的手指，一定要远离婴儿的活动范围。如果做不到这一点，就要教婴儿不要碰这些东西。比如用疼痛的夸张的表情告诉婴儿这样做的后果。特别是像暖水瓶、电饭煲、电热杯、电水壶等极易造成婴儿伤害而日常生活又难以远离的物品，可以通过大人的保护不让婴儿走近这些正在使用中的东西，还可以让婴儿轻微感觉到接触这些东西会"烫"、"热"、"不舒服"，提醒婴儿远离这些可能的伤害源。

第三，远离陌生人。

采用"刺激法"使婴儿远离陌生人。即婴儿一旦食用或接受非熟人给的食品或其他物品就立即给婴儿一个表达"不可以"的表情刺激，使婴儿养成不接受和使用他人物品或食品的习惯。

第四，注意宠物。

养宠物的家庭，不要让婴儿喂食动物，更不要让婴儿和动物一起睡觉或将婴儿与动物单独留在一起。教婴儿不怕动物，但要用温和的态度与动物相处，不要抓、打动物，以免刺激动物使之伤害到婴儿。

另外，对于家中的药品、洗涤剂及其他极易放入口中的玩具等，一定要放在儿童难以接触到的地方，以防婴幼儿因吞咽这些物品而导致伤害或死亡。

培养孩子的自我保护能力

孩子年幼无知，没有生活阅历和经验，他们不知道什么事情不能做，什么地方不能去，什么东西不能玩。对于某些事情他们偏偏喜欢做一些危险的尝试。如：地上有一个小水坑，他不绕道走，偏往水坑里走，把鞋子、袜子弄湿了，还觉得特别开心。出现诸如此类的情况，有的家长就给孩子订下了清规戒律，不许这样不许那样，但并不给孩子做进一步的解释。孩子不知道不许做的理由，只觉得父母很强势，于是便没有意识到这样做的危险性，反而出于好奇或逆反心理，会继续做一些危险尝试。

所以，家长若要真正说服孩子，就应该常向孩子进行一些安全意识教育，通过看电视、听故事以及让孩子亲眼见到一些由于不注意安全而导致灾难的事例，丰富孩子一些简单的社会经验，进而向他们提出一些安全规则。同时在不允许孩子做某些事的时候要讲清原因，如：要求孩子遵守交通规则，不乱闯红灯；父母不在家的时候，不要轻易给陌生人开门；放学回家时不跟着陌生人走；不带小刀等危险物品上幼儿园……告诉孩子这样做了会有什么样的后果，通过这些教育使孩子明白危险的事情不能做，要理解父母对他的限制是对他们的爱护，同时无形中也增强了孩子的自我防范意识。

虽然灾难的发生可能只有万分之一的概率，也许永远也不会发生，但孩子们也不可能永远都在父母的庇护下生活，他们要一步步成长，慢慢独立，所以，要培养好孩子的自我保护能力。作为父母，应该从孩子幼年时就加强安全保护措施，对他们进行自我保护教育，培养和提高孩子的自我保护能力，从而保证孩子的身心健康和安全，使孩子顺利成长。

我们可以从几个方面着手进行：

一、给孩子良好的生活环境，提高幼儿的自我保护意识。

著名教育家布罗菲、古德和内德勒曾经为幼儿园的环境设计提出了11个目标，其中就包括了"关注幼儿的健康和安全"。因此，父母也应该在家里给孩子创设良好的生活环境，对孩子进行生动、直观、形象而又综合性的教育。比如说在家里的一些桌椅的直角处包上软布，或是贴上安全标志，提醒孩子要注意安全。还要给孩子建立良好的心理环境，以平等的态度对待孩子，蹲下来和孩子讲话，尊重孩子的想法，体谅和容忍孩子的一些无意过失。给孩子足够的爱，让孩子对家庭持有安全感和信任感。

二、让孩子从小养成良好的生活习惯，促进孩子自我保护能力的发展。

让孩子从小养成良好的生活习惯能促进他们自我保护能力的发展，更

有利于父母对孩子进行自我保护能力的培养，因为它们之间是紧密联系、相辅相成的。比如说教孩子正确有序地穿衣服能保护身体；鞋带系得牢固可避免跌倒摔伤；吃饭的时候不到处乱跑就不会被饭粒呛到……平时要多加注意训练孩子这些生活细节的正确做法，不包办孩子的事情，尽量让他们自己做，这样使孩子在自己生活实践中养成良好的生活习惯，从而起到自我保护的作用。

三、通过亲子互动和游戏，学习一些自我保护的方法与技能。

为了能让孩子记住感觉不舒服或有什么事情的时候要主动跟幼儿园的老师讲，便可以设计一个"生病以后"的情景模拟游戏。通过游戏，让孩子明白当他哪里不舒服时一定要及时地告诉大人，不要因为害怕而不敢说，这样才不会贻误治疗。孩子也能通过游戏，学会自我保护的技能，并牢牢地记住。

保证孩子的健康和安全，是父母必尽的职责，但是一定要记住，健康与安全不能被动地等待给予，而应该让孩子主动地获得。孩子的安全意识增强了，自我保护的能力提高了，他们的整体素质就能得到全面的发展。

应对意外伤害的基本原则和常识

孩子一天天长大，学会的本领越来越多，很多事情都不需要再依靠父母，这让他们觉得很兴奋，成天这里跑那里蹦的，父母整天跟在后面却还是顾此失彼。一不小心，宝宝就把桌上的水杯打翻了；妈妈刚转个身，就看到孩子不知道把什么东西放到嘴巴里嚼，让妈妈们手忙脚乱、惊惶失措。一些意外伤害的发生往往很突然，孩子的反应是强烈的、过度的，那号啕的哭声让心疼孩子的父母跟着一起紧张、伤心，而手足无措没了主意。

有一次，小咪不知道去厨房忙什么去了，小小咪一个人客厅里玩，小咪买来打豆浆的黄豆还没收起来就放在客厅的桌子上。后来，小咪

突然听见小小咪哇哇大哭起来，跑进厨房来找妈妈。她边哭边说："我鼻子好疼！黄豆……"

小咪给吓坏了，问："你把黄豆塞进去了啊？"看着小小咪不停地哭，小咪也急得不知道怎么办才好，给大咪打了电话，大咪叫她赶紧送孩子到医院去。

在这种情况下，大人一定要保持冷静，本来孩子就很害怕，如果看到父母也一样的惊慌失措，那么孩子会更加害怕。父母只有在冷静的情况下，才能快速而准确地判断孩子受伤的程度，并采取正确的处理措施。这也需要父母们熟悉一定的应对意外伤害的基本原则和常识，否则只会伤上加伤。

1. 眼睛进了沙子。

有时候和孩子在外面玩，一阵风刮过来，眼睛容易进沙子。大家都知道眼睛是比较娇嫩的器官，容不得任何异物，如果不及时清除会感觉到非常疼痛，甚至引起炎症。当眼睛进了异物时，千万不要用手使劲揉眼睛，或用纸巾去擦。一般小孩子觉得眼睛不舒服的时候都用手去使劲揉，这个时候父母应该制止。父母应该帮助孩子翻开眼皮，仔细检查眼白（球结膜）、下眼睑和角膜。如果异物在眼皮或眼白部位，可以用纸巾沾一点纯净水轻轻擦去异物（在家时，最好用棉签蘸少许抗生素类眼药水擦去异物）；如异物在上眼睑内、角膜处，或嵌入较深，则必须及时到医院处理。

2. 误食干燥剂。

现在大多数食品里面都有干燥剂，对孩子来说，干燥剂就和袋装饼干一样，而且样子还很独特，应该会很好吃。虽然妈妈总说不能吃，但孩子会趁妈妈不注意的时候，打开干燥剂就往嘴里塞，所以父母必须得跟孩子讲清楚这个东西是什么，为什么不能吃。但是在已经发生了这样的情况后，父母也不要打骂孩子，应该尽快进行处理。目前市面上的食品干燥剂大致有4种：一种是透明的硅胶，没有毒性，父母们不用太担心，误食后不需做急救处理，只要告诉孩子这些是不能吃的，让孩子以后注意就行了。另一种是三氧化二铁，咖啡色的，具有轻微的刺激性。如果误食的量不是很大，就给孩子多喝水稀释，但如果孩子误食的比较多，甚至出现了恶心、呕吐、腹痛、腹泻等

症状,那就有可能是铁中毒了,得赶快去医院进行救治。还有两种白色的粉末,一种是氯化钙,只有轻微的刺激性,误食后多喝水稀释就行了;另一种是氧化钙,遇水后会变成碳酸氢钙,具有腐蚀性。如果宝宝误食也必须先喝水,但要避免喝得太多引起呕吐,反倒灼伤了食道,之后应赶紧送医院求医。

3. 咽喉部被异物卡住。

我们吃鱼的时候经常一不小心就被鱼刺卡住,对于细小的鱼刺可能父母会说快吃一口白米饭,然后吞下去,这样鱼刺也就下去了。但有的时候鱼刺比较大,或者孩子不小心吞下了其他的异物,比如小棋子、硬币、弹珠之类的,这样就不行了。卡在喉咙吐不出来,也咽不下去,这个时候不要硬给孩子喝水冲下去,或者抠喉。可以让孩子自己咳嗽,看能否咳出来,然后尽快送到医院就医。

还有其他很多情况,比如摔跤了应该及时清理伤口做好消毒处理、误食了药物应先了解是什么药品、触电应先切断电源、烫伤先用冷水冲洗或冷敷烫伤部位、中暑应先放置通风处用冷毛巾擦身以降低体温、鼻子出血不要拍额头等等。其实孩子出意外的情况还有很多种,上面只是简单介绍了几种,最关键的还是预防。父母平时应该多了解一些关于孩子意外伤害急救的常识,提高警惕,比如先把干燥剂从食品袋中拿走再给孩子吃,一些还比较小的孩子不要给他们玩什么棋子、纽扣之类的细小物品,时刻关注孩子手中的东西。一旦真的发生了意外,除了熟知那些应对常识,最重要的一点就是父母一定要保持冷静,才能更好地处理问题。

意外伤害的预防和急救

小小咪这两天非常开心,因为妈妈给她买了一辆儿童自行车。刚开始的时候小小咪还不太会骑,妈妈就一直跟在旁边扶着,等小小咪渐渐地掌握了平衡以后,小咪就松开手了。那天下午小小咪在小区里面骑自行车,小咪没有跟着。但是一不留神小小咪冲到了一个下坡路,

小小咪也吓坏了，掌握不了平衡翻车了，自行车还压在她身上，小小咪立马大哭起来。

小小咪这样还好，只是有一些摔伤，还有的小孩子刚学会骑车就骑到大马路上，这样最容易遇上车祸；有的小孩子，不注意路面，在一些建筑工地附近骑车，如果一不小心摔倒的话说不定会撞到地上突出的钢筋条，那后果真是不堪设想。类似这样的事情几乎总在发生，但是一些父母并没有引起重视，没有给孩子进行必要的安全教育，往往等到出了事才后悔就来不及了。

其实，人生不可能永远阳光灿烂，风调雨顺。安全危机就如安乐的曲调总也会有不和谐的插曲。意外伤害有很多：烧伤、中暑、溺水、电击、中毒等。万一不幸碰上恶性安全事件降临到自己孩子身上，责骂或者内疚没有任何效用。父母应冷静应对，在给孩子身体医治之外还要给予孩子必要的心理辅助，这样才能让孩子摆脱受伤阴影，健康成长。我们要尽可能多地了解一些意外伤害的预防与急救措施，比如：

1. 外科损伤的预防和急救。

孩子在活动中跌倒、碰撞、击打或从高处摔下都有可能造成外科损伤，这类的伤害分为：挫伤、扭伤、割伤、骨折、刺伤等。预防措施是：预先教会孩子怎样安全地奔跑和攀爬，进行一些必要的技巧训练；窗户阳台一些容易出问题的地方加上护栏；不把孩子单独留在高处，除非有足够的保护装置；注意地面防滑，及时清理水渍地面；玩具玩完后要一起收拾好，特别是一些小部件；发现孩子有打闹拉扯过度的情况，要及时制止。发生这类损伤时父母要保持镇定，不要惊慌，要安抚孩子，让孩子保持镇定，然后仔细检查伤情，实施急救。头部损伤、骨折等情况要及时送往医院，不要随意搬动孩子，如有出血则要做好止血再送往医院。

2. 意外窒息的预防与急救。

意外窒息是因为日常生活中某些意外，异物进入呼吸道，造成呼吸梗阻，不能正常呼吸。这类情况容易出现在比较小的孩子身上，预防措施：父母与孩子不要同床睡觉，最好让孩子独自睡在有护栏的小床上，防止大人睡觉时压住小孩；小孩子睡觉要采用侧睡和仰睡的睡姿，不要让孩子趴

着睡；不要给小孩子使用太大太软的枕头和被褥，不要摆放松软的玩具和衣服；要慎重选择适合的玩具；告诉孩子吃东西不要太慌张太快。急救处理：最重要的是首先清除造成窒息的原因，使呼吸道保持通畅；如果吐奶造成孩子窒息，应立即改为右侧睡，并轻拍其背部，让他咳出吸入的奶水。情况紧急要送医院治疗。

3. 烫伤的预防与急救。

给婴儿喂奶时要试试奶的温度，温度过高会造成孩子口腔烫伤；不让小孩进厨房，远离炉灶、热水器等；热汤和开水端着走时要避开孩子；洗澡时要先放凉水，再慢慢放热水；在喝开水或热茶时不要抱着小孩；用火炉取暖时不要把小孩单独留在火炉边；不要让小孩子玩火、打火机等。急救处理：首先是脱离热源，用冷水冲洗伤处 20 分钟，脱下或剪掉伤处的衣服，防止粘连；冷水中泡够后用消毒纱巾覆盖伤口，然后送医院治疗。

千万记住不要让孩子乱动电器；不要让孩子玩易燃物如烟花等；不要让孩子自行使用燃气、天然气，不能让孩子偷着吸烟。

其实很多时候小孩子受到伤害，都是因为孩子好奇或者是在一些游戏过程中忽略了安全防范。父母一定要记住不管是多么安全的环境下，都要再次确认做好安全预防措施，比如溜冰、骑自行车都要戴上护膝，不要孩子随便去爬栏杆，在游乐场玩耍时也要做好安全监护，不能突然进行剧烈运动，让孩子远离意外伤害。同时，父母也要懂得必要的急救措施，这样在意外伤害来临时才不会手忙脚乱，也不会因为做出什么错误的举动而使孩子伤得更厉害，最重要的是记得要及时送医救治。

普及避险常识

在玉树地震的那天，小小咪正快乐地玩她的玩具，看她的动画片。直到晚上看电视，里面全部都是地震的现场直播，小小咪才接触到"地震"这个词，开始她还闹脾气，怎么都没有她喜欢看的电视。小咪耐

心地告诉她，有个地方发生了地震，那里好多小朋友都没有家了，好可怜，现在解放军叔叔正在营救他们。小小咪睁着大眼睛，望着妈妈："地震是什么？那他们以后怎么办呢？我们这里会不会也发生地震？我不想没有家！"

现在的小孩子都拥有一个幸福的家庭，爸爸妈妈疼他们，爷爷奶奶外公外婆更疼他们。但是意外的事情总会发生，很多天灾人祸我们躲也躲不过去。既然天灾不能避免，那么我们就要学会在灾难来临的时候为自己寻找一线生机。**作为父母，更应该明白，对孩子的溺爱需要有一个限度，一味地溺爱只会让孩子变得依赖、不能独立，一旦遇到危险只会哇哇大哭而错过避险良机。**

2010 年的 5 月 1 日，山西省科技馆科普展厅里，以"科学防灾避险、保障生命安全"为主题的科普展览就吸引了不少家长和孩子。这个展览选取的是一些比较常见的自然灾害、突发事件以及生活中容易发生却又危害性极大的事项，用通俗易懂的语言、好看的漫画、有趣的展品，给人们介绍科学的避险常识，以此来提高父母与孩子们应急避险、科学逃生的能力。

我们应该知道，在我们的生活当中，最应该注意的就是我们的人身安全，而对安全造成威胁的，除了那些自然灾害还有很多都是我们日常生活中因为避险常识的匮乏而引起的一些意外伤害。对于孩子来说，家里也有可能是危险的地方，不要以为不让孩子出去，就不会发生危险，父母应该给孩子普及避险常识，远比自己每时每刻守在孩子身边要安全得多。父母总会有不在孩子身边的时候，如果孩子不了解一些避险常识，便会有发生危险的可能。

比如说溺水。溺水是仅次于交通事故的第二大杀手。很多孩子都喜欢游泳，但是父母一定要告诉孩子不能随便去河边游泳，应该去正规的游泳池。相信很多新闻里面都报导过一些青少年在河里或水库游泳，却没有注意水的涨落而溺死的事件，父母应该给孩子讲清楚为什么不能去河里游泳，会有什么危害。即使是去游泳池也要注意安全，如果技术还不是很熟练就不要去深水区，一旦发生溺水或腿抽筋，要及时呼救以引起救护人员的注意，以便及时获救。

火灾也是一个无法预计但伤害性又很大的危险因素，尤其 5 岁以下的孩子面临的危险系数最大。相信很多父母都有经验，小孩子对火柴、打火机都很感兴趣，有老话这么说："小孩子不能玩火，玩火了晚上会尿床的。"但是这样并不能唬住孩子，反而会使他们更想玩火。所以父母应该告诉孩子玩火究竟会产生多么可怕的后果，像那个展览一样，给孩子看一些图片，火灾后家是什么样子，那些受伤的人有多么难受，如果火很大还可能会波及其他的家庭。当孩子们懂得了这些知识后，他们脑海中就有了安全意识，这样以后便不会做出危险的事情来了。

还有掉下山坡、滚下楼梯等等一些危险事故，最重要的是叫孩子熟记一些常用的报警电话，比如说 110 是报警服务电话，119 是火警报警电话，120 是医疗急救指挥中心电话，122 是交通事故报警电话，999 是紧急救援电话。父母要教会孩子在遇到危险的时候及时打电话报警，并学会应该怎么说。

除了孩子要普及避险常识，父母更是责无旁贷，掌握防灾避险常识，将终生受益，造福全家。

让孩子远离社会伤害

2010 年 3 月 23 日，福建省南平市实验小学门口发生一起特大凶杀案，凶手仅花 55 秒钟就杀伤 13 名小学生，导致 8 人死亡 5 人重伤。从报道看，死伤的孩子中，有很多面对持刀的凶手，没有逃跑，没有反抗，几乎没有避险自救的意识。除了用手挡刀外，没有任何孩子使用书包或其他物品挡刀。

这么骇人惊闻的一件大事，大家在关注这篇报道为那些孩子可怜的同时，可能仅仅只是在指责歹徒的凶残，却没有想到造成这件惨绝人寰的事情除了歹徒的责任以外，父母或老师是不是也应该自省一下。为什么在歹徒行凶的时候，这些孩子不会逃跑、没有求救，而且还用自己的身体去挡住的歹徒的凶器？这则新闻里面的歹徒能够以平均 4.23 秒就杀伤一人（有的孩子被连捅十几刀），最主要的原因就是孩子们没有任何避险自救的意识。

在遇到危险的时候，相信父母都会用自己的身躯替孩子把危险阻挡在外，但是我们应该考虑到孩子并不能时时刻刻都待在父母身边，所以我们必须教给孩子避险自救的常识，才能让他们远离社会伤害。比如说像新闻中这种遇到歹徒或有精神问题的人行凶时，应该如何快速逃跑或者利用建筑物及其他物体进行躲避，如何使用书包或周围一些能使用的物品来抵挡凶器，而不是用自己的身体等。

除了这种暴徒事件，拐卖儿童的案件也是层出不穷，而且近几年来还呈现出越演越烈的趋势。尤其是 0 ~ 5 岁的男童失踪的案件经常见诸报纸、电视及网络，父母的撕心裂肺也改变不了孩子丢失的事实。能完整回到父母身边的孩子是极其幸运的，也是寥寥可数的，我们无法想象孩子被拐走后都遭受过什么。为了不让自己懊悔终身，就一定要对孩子做好安全教育。

1. **告诉孩子不能要陌生人给的东西，尤其是糖果或饮料。**因为孩子最喜欢的就是零食和玩具，就算是不认识的人给他他也不会拒绝，可能还会对对方有好感，很多人贩子就利用儿童的这个心理来进行讨好，然后骗着小孩子跟他走。这个时候父母就应该做好示范，从小就教育孩子不要随便接受陌生人的东西，就算是熟悉的人也要先告诉父母征得大人的同意后，再拿。当孩子再大一点，有了自己的思想和想法了，就给孩子讲清楚道理，不要让孩子以为是父母的专制反而造成逆反心理，让孩子明白陌生人的危害，利用孩子喜欢的动画片或故事形象地告诉孩子陌生人的危险性。也可以让孩子看一些有关拐卖儿童的新闻报道，这样他便会铭记于心。

2. **如果孩子一个人在家里，要叮嘱孩子不要给陌生人开门。**告诉孩子如果让陌生人进来了，就有可能把他喜欢的东西都抢走，甚至还会把他也带走，卖到很远很远的地方，以后都见不到爸爸妈妈了。

3. **告诉孩子不要随便跟不认识的人走。**孩子上幼儿园以后，每天由家长接送，有时候幼儿园也会有疏忽的时候。为了预防那些有计划的人贩子，从上学第一天起，就要告诉孩子，不要随便跟着陌生人走，不要因为陌生人手里的好吃的或好玩的就忘了父母的叮嘱，那都是人贩子骗人的伎

俩。父母也不要因为忙就经常要邻居、亲戚代为接送，或者总是变换接送的人选。可以请一个固定的人帮一下忙，每次有事的时候都选择一个人代为接送，并和孩子讲清楚，只能跟这个人回家，不要随便上别人的车。

4. 外出游玩的时候不能让孩子离开自己的视线。 在出门之前，就和孩子先沟通好，到了人多的地方不能乱跑，要和父母手拉手一起走，如果不能遵守约定，那么以后就不会带他出去玩了。如果这么说都没有什么效果的话，父母可以藏在一个可以看见孩子但孩子看不到你的地方，等他玩够了找不到父母便会开始着急害怕，这个时候再及时地出现以安慰孩子并利用这个时机给予孩子适当的教育。但记住不要让孩子久等，以免恐惧的感觉在他心里留下阴影。

父母可以根据生活经验多告诉孩子一些避险自救的具体指导措施，也可以进行一些模拟训练，看孩子在遇到事情时是否能像我们教的一样做出正确的反应。如果正确，适当地给予孩子表扬和称赞，如果不对，要及时纠正。

再比如说，如果遇到狗追赶时，不要只顾着撒腿就跑，这样狗反而会跟着你追，可以做下蹲捡石头准备扔的姿势以吓退狗；遇到车辆直冲过来时，要学会侧身躲避或跳开；遇到空中掉危险物时要及时规避或使用书包护住头部；过马路时要先观察左边是否来车，判断和避免斑马线上的危险等。让孩子通过自己的努力远离社会伤害，生活在一个安全、和谐的环境里，用父母的关爱让孩子健康成长。

让孩子远离校园意外伤害

幼儿园的游戏区，一群小朋友在那里玩滑梯，一个个玩得兴高采烈，还想出多种方法从滑梯上滑下来：大家一下子排成长队像火车一样从上而下；有的小朋友还趴着头朝下从上面滑下来。可是不知道为什么小朋友在上面起了争执，几个小朋友一不小心都从滑梯上滚下来了，幸好幼儿园的地板都垫了很厚的泡沫，都没有受什么严重的伤。

小孩子自控能力比较差，遇到事情又容易冲动，和同学发生一点小摩擦就喜欢推推搡搡。并且，孩子的安全意识和自我保护意识不强，在学习生活、文体活动中或是平时的嬉闹中，没有想过安全问题，所以经常会导致事故的发生。与此同时，老师没有及时发现并解决学生间的矛盾，对学生疏于管理，也是不容忽视的原因。

很多学校尤其是一些经济条件不是很好的学校教育设施还存在一定的安全隐患，父母和学校对孩子的安全教育不够，是导致孩子在学校发生意外伤害的重要因素。比如某个乡镇中学因学生宿舍外走廊栏杆不安全，又未安装路灯，致学生王某夜间上厕所时，踩空摔伤。

要让孩子远离校园意外伤害，就必须建立健全学校学生意外伤害事故处理和预防机制，防患于未然，把事故发生的可能性降到最低。父母要给孩子选择制订有安全管理细则的学校，给孩子进行安全常识教育、安全行为指导。学校要改善办学条件、消灭危房，每天排查安全隐患，同时还要提高师生的安全防患意识与自防自救的能力。

防范老师侮辱体罚学生，体育、化学、物理等课堂要孩子认真听老师的安排。对于孩子的体检，学校要做好分析，及时发现有严重疾病的学生，通知班主任和父母，避免学生在参加体力劳动和剧烈的体育活动时出现意外事故。各学校还要尽快配备齐全的专职卫生技术人员，加大对处理一般伤病事故医疗用品的投入。开展学生心理辅导的同时，还要加强对教师心理知识的培训，让教师学会排解自己不良情绪的方法和技巧。同时，利用家长会等形式，向家长传授有关孩子心理的一些知识。

下面我们介绍一些防止校园意外伤害现象发生的途径、方式、手段等，家长可以监督学校执行情况。

1.**广泛宣传，增强孩子的安全意识**。我们可以通过电视、广播、宣传画等多种途径和形式，开展安全健康知识及预防伤害的宣传教育，经常性地对学校学生及教职工进行交通、用电、用火等方面的安全教育。

2.**采用多种实践形式，以保切实有效**。利用多种媒介，宣传相关知识，加强安全健康知识教育与培训。定期对学生进行安全健康教育，帮助学生

树立安全意识和自我保护意识。利用家长会的宣传，加强家长的意外伤害预防意识。

学校每年都会开一次家长会，作为家长会的主要内容之一，学校除了向家长们提倡学生参加社会实践活动的意义外，要联系实际情况，通过学习与探讨，使家长意识到意外伤害是随时随地都可能存在的，充分认识到它的可能性及危害性。同时，认识到预防伤害的重要性，家长们要经常与学校与教师配合，做好该项工作。

3. **采取措施，落到实处。**首先，要加强体育活动中的安全教育与预防措施，为了提高学生的体质多增加一些体育活动，并在活动过程中培养孩子养成好的习惯。除了重视体育课的质量外，还可以经常举办一些运动会或者球类比赛等竞技类活动，以此丰富学生的课间活动。其次，要帮助学生规范他们的日常行为，将课堂学习、课间活动、用餐等行为规范化，让孩子们养成良好的习惯。第三，要建立学生健康档案，每年为学生举办一次体检，并对体检的结果进行分类存档，比如哪些学生营养不良，哪些学生是乙肝病毒携带者，哪些有沙眼等，以便详细地了解学生的身体健康情况，并对一些健康异常的学生做出正确的处理。第四，学校要建立严格的安全事故报告制度，凡学校师生发生的重大伤害事故，不管是在校内还是校外，都应该迅速采取急救措施，然后向上级部门报告。最后，要鼓励学生参加意外伤害保险。

4. **给孩子创造良好的学习环境。**学校是师生学习、工作、生活的主要场所，学生每天待在学校的时间是最长的。做好校园文化建设能使学校教育充满活力，使学生的生活更加丰富多彩，也是促进学生健康成长的有效途径。

要想让孩子远离校园意外伤害，最主要的方式和手段就是给学生设置预防意外伤害课程，对每一个学生都进行预防意外伤害意识与能力的形成性评价。同时在学校组建意外伤害急救兴趣小组，由专业人士对学生进行急救技术能力的培训，使他们能够掌握一些常见并易操作的急救基本技术，构建学校安全管理体系，这样，孩子们便能快乐安全地度过他们的校园成长过程。

第十一部分：养育孩子最常见的 20 个问题

- 妈妈去上班，宝宝哭闹不休？
- 3~6 岁的宝宝也需要性教育？
- 宝宝患上了多动症？
- 现代都市儿童流行病——感觉统合失调？

妈妈要上班了，孩子为什么总是哭闹？

当妈妈要离开宝宝去上班的时候，宝宝总是哭闹不休，让妈妈不忍心离去，但又不能带着宝宝去上班。很多妈妈都担心让宝宝每天都接受这种分离，会让他们缺乏安全感。

婴儿期的宝宝对妈妈的依赖主要生理上的需求，比如说饿了需要喂奶或者尿了需要换尿片，想睡觉了，希望能在妈妈的怀中入睡。宝宝在与妈妈长期的身体接触中，靠声音、气味、动作等记住了妈妈的形象，并且把这一形象与他们能获得的生理需求连接在一起。所以，当他们一听见妈妈的声音或看到妈妈的样子时，就会感到非常快乐，因为这就意味着他们的需要将得到满足。

但是一旦妈妈要上班去了，宝宝就要面临着与妈妈的短暂分离。他们听不到熟悉的声音、看不到熟悉的身影，以为自己的生理需求没法得到满足了，便会变得难以"伺候"。

宝宝慢慢长大后，他们对妈妈的依赖除了生理上的需求以外，还有心理与社会性的需求。他们希望能和妈妈一起玩、一起交流。当妈妈没有理睬他们时，宝宝也会哭闹，因为这样可以把妈妈叫到身边。宝宝 3～6 个月的时候，这一表现很明显，因为这个阶段是宝宝和妈妈依赖关系建立的重要时期，会更依赖妈妈。

6～12 个月的时候，宝宝开始愿意接受其他的照顾者，因为这时候他们喜欢与他人交往，即使是陌生的人逗一下，宝宝也能和别人很好地互动。**这个时期只要能帮助宝宝解决他们的生理需求，同时也可以陪宝宝快乐的玩耍，他们便可以离开妈妈一会儿，甚至一整天。**

但是在宝宝 2 岁左右的时候，他们的个性越来越独立，对陌生的人会有一种警觉性，他们有自己的想法，对自己不喜欢的人通常都不予理睬。所以，这个阶段强行要宝宝离开妈妈是很困难的，不管怎么哄都没有用。

如果妈妈能了解清楚宝宝在不同阶段的依赖性，就能很好地处理与宝宝的分离了。当妈妈要去上班的时候，应该提前做好准备，告诉宝宝：妈妈要去上班了，到时候会有谁来代替妈妈照顾他。让宝宝提前熟悉一下，然后自己再逐步退出，这样就能比较顺利地让宝宝接受新的照顾者。

对于特别喜欢黏妈妈的宝宝，还可以有意识地培养宝宝学会等待。比如当宝宝有什么需要的时候，告诉宝宝要稍等一下，妈妈在做什么事，一分钟后给他拿过来。反复做过几次以后，宝宝就会有一定的时间概念，知道妈妈多久之后就会回来。在等待的同时，让宝宝玩一下玩具或者听一下音乐，分散一下宝宝的注意力，宝宝就不会觉得等待很枯燥。经过有意识的锻炼，宝宝就会慢慢习惯没有妈妈陪在身边了。

为什么孩子要重复看《喜羊羊与灰太狼》？

自几年前国产动画片《喜羊羊与灰太狼》面世以来，深受小朋友的喜爱，似乎百看不厌。为什么不管看了多少遍，他们依然能看得津津有味呢？只要《喜羊羊与灰太狼》的歌曲一响，不管孩子们正在干什么，都会丢下手上的事，立即坐在电视机面前。您是否对孩子一再重复地看《喜羊羊与灰太狼》而感到厌烦呢？

其实，重复行为对于孩子的学习和成长相当重要，一再重复有助于他们改善记忆和技巧，直到他们能够完全记住或学会。因此，当孩子有重复行为时，多表示他们正在学习，所以父母可以适时地应用孩子喜欢重复的天性，帮助孩子学习。

当孩子出现重复行为时，父母应该抱着接受的态度，不用大惊小怪，或者觉得厌烦，毕竟这是每一位幼儿都会经历的一个成长历程，更何况一部动画片能那么吸引他，一定有它的理由。

父母可以在孩子看完动画片以后，鼓励孩子复述一下故事中的部分或者全部情节。只要孩子能说出大概的意思，哪怕只是几句简单的话都可以

给予孩子称赞。刚开始的时候，孩子可能会比较吃力，他们看了之后不一定能把意思准确地表达出来，父母则可以根据故事过程用提问的方式加以引导。在某一个片段里面，妈妈可以问孩子："懒羊羊在干什么？""灰太狼一来他就去找谁了？"等等，妈妈接着可以边听孩子讲述边附和着问："嗯，后来呢？后来羊羊们怎么样了？"直到孩子把事情叙述完为止。

孩子喜欢看重复的动画片，听重复的故事，做重复的动作，这都是由孩子的年龄特点决定的。因为孩子虽然能听懂，甚至能发现故事中遗漏的情节，但他们还不能完整地复述故事。因此，由别人来给他讲述对孩子来说是一种享受，孩子的认知能力还没发展完全，只有在不断重复的过程中才能不断发现和体会新的东西。父母认为"没有意思"的重复对孩子来说并不是简单的重复，因为他们每次都能有新的感受和收获。所以，父母不厌其烦地、细心地讲述，对孩子来说是最好的爱的教育。

3岁左右的孩子正处在语言迅速发展的时期，在日常生活、游戏活动中，孩子通常会有意无意地进行模仿。电视广告、动画片、父母的言语等，都成为孩子主动模仿的对象。尤其孩子在反复看了《喜羊羊与灰太狼》之后，经常会在一些情景下冒出一些动画片中的话来。这种语言的模仿创造活动是整个幼儿时期孩子语言学习的一种重要形式。让孩子重复地听、重复地看，正好是孩子语言模仿创造的最好途径，也为孩子将来的表达及表演能力奠定了一定的基础。

总之，孩子喜欢重复做一件事在这个年龄阶段是再正常不过的现象，父母应因势利导，引导孩子欣赏不同风格体裁的儿童文学作品，让孩子在"重复"的故事中长大。

哪来的"暴力小孩"？

是不是家里的小孩子会经常冒出一句"我打死你""我捶死你"这样的话语，有时候还会真的动手，要是有一点点没有合了孩子的心意，他就对你拳打脚踢。在家里对父母是这样，就连去了幼儿园，也经常和别的小朋友抢东西，动不动就让别人的家长找到家里来告状，但其实家里的大人没有人有这种暴力倾向。

对于一两岁的孩子来说，类似这种打闹的行为非常普遍。有时候孩子动手并没有任何的理由，他们只是抱着好玩的心态，想知道会有什么后果，或者想知道自己究竟能有多大能力。打完人，他们就等着即将发生的后果。对孩子来说，打人也是一种游戏。

另外，孩子会动手打人，也带着强烈的情绪因素。仔细观察一下孩子的行为，试着融入孩子的世界，你就会发现每一天宝宝都在努力学习着各种新的技能，但如果遇上他们不熟悉的环境或挫折后，打人就成了孩子表达失败感、借此发泄自己失败后的情绪的一种方式。

还有的时候孩子动手可能是出于一种自卫，或者是其他的一些合理原因。有可能是因为别的小朋友抢了他的玩具，或者有人先碰了他一下，或者抓了一下他的脸，小孩子不愿意被别人欺负，他会全力维护自己的利益，这只是一种本能。

不管孩子是出于什么原因打人，或者有其他暴力行为，父母都不要因为这样而有过分强烈的反应。比如说大喊大叫或者以打孩子来威胁他，这样反而会变相地鼓励孩子用武力解决问题。因为父母过于强烈的反应正好是向孩子证明了用暴力解决冲突是一个非常正确的方式，再怎么惩罚孩子都没有任何效果了。

所以当孩子出现了暴力行为后，父母首先应该保持冷静，给孩子做出一个好榜样。孩子最喜欢模仿的对象就是父母，如果父母能学会冷静处理问题，那么孩子以后在遇到事情的时候也能学会保持耐心。

父母要告诉孩子打人的行为是不能被容忍的，但要表示能理解孩子的感受，了解孩子是在不得已的情况下才会出手打人，这种处理问题的方式不对。要避免太长太唠叨的训导，可以通过举例给孩子说明。也不要强制孩子去向别人道歉，越是这样孩子越会反感，以后可能依然会再犯。可以换一种做法，父母可先对被打的小朋友表示一下关心，并且让孩子看到你的关心产生了比较好的效果，用自身的行为给孩子做出典范。

让孩子有了学习的对象后，父母还可以给孩子提供一些能够替代攻击的方法，对于刚学会说话的小孩子来说，使用语言是一个不错的方式。父母可以教育孩子，以后遇到这样的情况，不要动手，可以跟小朋友说："借我玩一下行不行？""我和你换着玩好不好？""你别抢，你跟我说你要干吗？！"……在短时间内，孩子不一定能养成这样的习惯，所以父母在教导孩子的同时，一定要培养自己的忍耐性，给孩子树立好榜样。

3~6 岁的孩子也需要性教育吗？

"妈妈，你怎么没有小鸡鸡？"

"我是女生。"

"那是不是男生才有？"

"是的，男生才有，女生没有。"

"那爸爸有没有？"

3~6 岁的孩子开始进入到人性发展的第一个高峰，这个时候孩子都会有强烈的愿望想看父母的身体。很多父母应该都有这样的体会，不管是男孩还是女孩，当知道自己的爸爸或妈妈在浴室洗澡的时候，他们就会站在门口敲门想进去看一下。要是你回答说在洗澡，他们会说"我也要洗澡"，非要进去看个究竟；上厕所的时候也是这样，你要是说很臭，他们也不会在乎，就是想进去看一下。孩子 3 ~ 6 岁的时候一定要满足他们对异性或同性身体的认识，包括大人，孩子认识世界是先从认识人开始的。

有的孩子还会关注到胸部的问题，这个现象很有意思。不管男孩女孩，4 岁左右的时候都对女人的胸部特别感兴趣。有的孩子会问"你这里是什么？""我怎么没有？""这是什么衣服？我也要穿。"等等。有的孩子比较含蓄，他不会说，只是用眼睛盯着看，有的孩子会伸出手去摸，这个时候作为妈妈应该要非常理智，要能够发现孩子在关注什么，然后帮助他。

如果发现孩子觉得疑惑，可以告诉孩子这里就是妈妈给他装奶的地方，是他小时候的"饭碗"，大人都叫它乳房。孩子可能会继续问：那现在还有奶没有，我摸一下看看。妈妈可以告诉孩子现在已经没有了，孩子想摸可以让他摸一下看一下，满足了以后孩子就不会再那么困惑而纠结于这个问题了，也不会带着疑问长大了。

由于我们接受的文化教育是隐晦的，在传统教育中，很多家庭对待孩子的性活动通常是以惩罚和制止来处理，简单而粗暴。这样的方式是暂时压制了孩子对性的好奇，但是对孩子性心理的健康发展却极为不利。如果他们在童年的时候没有得到正确的引导，那么他们在童年时期受到的心理伤害会被他们带入成年，甚至影响到他们以后的婚姻生活，影响到他们的家庭幸福。如果我们将孩子成年后的性活动比作一出话剧，那么只有当孩子在童年时期的性发展得到父母的正确帮助的时候，我们才能帮孩子书写出一幕健康与快乐的剧本。

我们要从孩子开始出现性萌芽的时候就开始关心和保护他们弱小的心灵，对孩子的性心理问题表现出来的行为加以正确引导，不要用旧时的那种道德品质去评判，在孩子性心理发展的每一个阶段都掌握好孩子性发展的规律，懂得尊重孩子的性隐私，逐渐引导孩子正确看待性。让孩子从小养成健康的性心理，为以后青春期的性发展做好铺垫，从而让孩子健康愉快地长大。

黏人怎么办？

也有可能是女孩子本身就比较黏人，小小咪从生下来开始就比较黏妈妈，要是睡醒了看不到妈妈，或者妈妈有事情让别人代为抱一下，都会号啕大哭。有时候就算是小咪喂完了小小咪，想把她放在婴儿椅上坐一下小小咪都不干，一定要妈妈抱着才行。

　　爱黏人的宝宝先天气质较为怕生，这个比率通常不到 20%。这样的宝宝往往从出生起就害羞内向，长大以后也会有认生怕生的情况。面对这样的宝宝，后天的训练很重要。家长可以经常带宝宝外出与人接触。在一些场合，妈妈可以尝试短暂离开宝宝。例如，妈妈可以告诉宝宝："妈妈去上厕所，离开一下，马上就回来喔。"然后妈妈真的马上就要回来，让宝宝有成功经验，了解到妈妈离开并不可怕，也不会怎么样。

　　父母应该清楚，2 岁以下的宝宝是靠着身体和感觉来学习的，他们只要感觉不到、看不见妈妈就会以为妈妈不见了。这些成功的经验会累积到宝宝的学习历程中，渐渐的他们就能适应。一般天生怕生的孩子，要长期用理解和包容陪伴他成长，且不同阶段会有不同的任务。例如，从小怕生的宝宝，可能长大以后也会害怕上台，了解宝宝气质的妈妈可以在下面鼓励他，找一个小朋友陪他上台。经过这些帮助，慢慢训练到宝宝 9 岁时就会有显著的成效。

　　但绝大部分的宝宝喜欢黏人都是后天学来的，因为宝宝感受到依附是很舒服的，如果父母让他予取予求，渐渐的他就养成依赖的习惯，谁让他舒适他就黏着谁不放，这一类的宝宝是因为难以离开舒适圈，而"学会"黏人。

　　许多妈妈只要一听见宝宝哭闹就六神无主，这时妈妈应该反问自己：为什么我要让宝宝黏我？我在担心什么？我怕宝宝哭吗？只要这样一想，该如何调整的答案就显而易见了。面对宝宝的哭闹，妈妈可先分辨宝宝是否是"无理取闹"，如果是生理需求：是尿湿了吗？肚子饿了吗？生病了吗？哪里不舒服吗？无聊吗？这些都属于妈妈必须满足宝宝的。如果宝宝无聊，建议妈妈可以让宝宝听音乐或者给他讲故事；如果都不是上述情况，妈妈也不能不理宝宝，尤其是两岁内的宝宝，妈妈不可离开他的视线太久。

　　面对宝宝用"哭"和"黏"的方式来达到自己的需求，妈妈要勇敢地坚持自己的立场和原则来响应宝宝，但是不要生气。例如，宝宝一直哭或跟在妈妈后头，三分钟就要求吃一次巧克力，妈妈可以清楚地告诉他："现在太晚了，不能吃，会影响睡眠。"一次又一次回答同样的答案，到第十次、十一次，妈妈可以再告诉宝宝："我跟你说十次了，现在开始不回答了。"很多时候这种情况是妈妈和孩子坚持度的竞赛，孩子用哭和黏的方式看妈妈什么时候软化，妈妈千万要保持耐心，让孩子明白原则，冷静响应并告诉他原因。妈妈千万不要生气，因为如果妈妈抓狂，会让宝宝觉得哭闹是有用的。

当孩子停止哭闹，或能够安静地做自己的事情时，妈妈可以给宝宝正面的回馈以及小小的鼓励。例如，抱着他绕一圈，喂他吃个布丁，然后叙述他的正面行为，告诉孩子他很棒。如此不仅为孩子找台阶下，缓和了关系紧张的气氛，也给宝宝正面的鼓励，强化他明白这样的行为是有益的、可以被接受的。

孩子是患上多动症了吗？

按常理推断，男孩子应该要比女孩子要调皮一些，也喜欢动一些。小咪一直觉得生个女儿挺好的，又斯文又乖巧，还可以打扮得漂漂亮亮的。可是小小咪完全出乎她的意料，也跟个皮猴子似的，一天到晚停不下来，一分钟都坐不住。小小咪不是这里窜就是那里跳，还学着男孩子去爬树，身上没有一天不受点小伤，而且上幼儿园以后在教室里也坐不住。老师总是给小咪反映小小咪的自制力太差了，注意力很容易不集中，喜欢在上课的时候找其他小朋友讲话。小咪就一直担心小小咪是不是患了多动症了。

其实儿童多动症又叫注意力缺陷障碍，是儿童常见的一种以注意力缺陷和活动过度为主要特征的心理疾病。这类儿童的智能正常或基本正常，但学习、行为及情绪方面有缺陷，表现为注意力不易集中，注意力短暂，活动过多，情绪易冲动以致影响学习成绩等。在家庭及学校均难与人相处，日常生活中使家长和老师感到困惑。有人把这种失调比喻为一个交响乐失去了协调性及和谐性。国外资料报告儿童的患病率为 5% ~ 10%。国内研究也报告，该症状一般在学龄前出现，患病率为3%～5%，男孩患病为女孩的4～9倍，早产儿童患此病较多。

生活中有的孩子很活泼，甚至很顽皮，似乎也好动，但是与多动症儿童是不同的，我们应该明确这种区别。顽皮儿童在看小人书、动画片时，能全神贯注，还讨厌其他孩子的干扰，他们的行动常有一定的目的性，并有计划及安排，在严肃的陌生的环境中，有自控能力，能安分守己，不再胡乱吵闹。

而多动症儿童的主要特征之一是活动过度，这种现象在婴儿期就有所表现：好动、不安宁、爱哭、常兴奋尖叫。上学后表现更加突出，这类儿童不论在何种场合，都处于不停活动的状态中，如上课不断做小动作、敲桌子、摇椅子、咬铅笔、切橡皮、撕纸头、拉同学的头发衣服等。平时走路急促，爱奔跑，轮流活动时迫不及待，经常无目的地乱闯乱跑还不听老师劝阻。由于自控力差，这类孩子常说一些使人恼怒的话，好插嘴和干扰大人的活动，常引起大人的厌烦。这类孩子胆大不避危险，不计后果，尤其在情绪激动时，可出现不良行为，如说谎、斗殴、逃学等。

注意障碍是多动症儿童的另一个主要症状。与同龄儿童相比，这类孩子的注意力很难集中，或注意力集中时间短暂，极易受外界刺激的干扰而分散注意力，如上课时，常东张西望，心不在焉；做作业时，边做边玩，马马虎虎。他们几乎不能集中注意力做一件事，总是不停地从一个活动转向另一个活动，做事常有头无尾。

这类孩子自控力差，易冲动，不服管束，做事从不计较后果。高兴时，又唱又跳，得意忘形；不顺心时，易激怒，好发脾气，惹是生非。他们喜怒无常，冲动任性，使得同伴对他敬而远之。因为多动症儿童一般不合群，久而久之也可造成其反抗心理，可能发生自伤与伤人的行为。80%的多动症儿童都有各种各样的不良行为表现，如好顶嘴、好打架、横行霸道、恃强欺弱、纪律性差，有的甚至还有说谎、偷窃、离家出走等行为。患儿由于上课注意力不集中，不认真听讲，很难顺利完成作业，常常发生遗漏、倒置和理解错误等情况。学习成绩不好，学习困难常常成为就诊的主要原因。但要特别指出，这类患儿的学习困难与其智力发展无关。

犟头倔脑的孩子怎么教?

儿童节，妈妈送给小小咪一个会说话的《喜羊羊与灰太狼》的玩具。晚饭后，妈妈发现小小咪在那不知道捣鼓什么，走过去一看，原来小小咪正在用力地拆卸喜羊羊身上的装置。小咪便要求她："不能随便乱拆，听见没? 拆坏了没有玩的了。"可是小小咪并没有停止手上的工作，妈妈又提醒，可小小咪仍然置之不理。

面对如此倔强的孩子，我们应该如何教育? 现在很多父母都为这样的孩子伤脑筋，都反映孩子小的时候特别听话，可是越大越不听管教了，不但不听，还经常闹别扭。其实孩子倔强往往是因为他们以自己片面的非理性的认知为基础，他觉得自己没错，都是因为父母不理解，父母和孩子作对反而引起孩子暴躁的情绪。

有一些父母在孩子小的时候，给予孩子的爱护关照太多。父母对孩子的要求，无论是对还是错都一律满足，时间一长就给孩子形成了想要什么就得有什么，想怎么着就要怎么着的错误认识。而当他们的愿望不能得到满足时，就大哭大闹不止，而此时家长如果继续迁就，就更增长了他任性的情绪。

也有一些父母，对孩子要求非常严格，他们希望孩子各方面都很优秀，不允许孩子有过失、有错误，信奉"棍棒之下出孝子"的传统教育观念，动不动就打骂孩子、使用暴力，久而久之孩子产生了逆反心理，明明知道自己错了也要对抗，养成了倔强的脾气，而此时家长更气不过，于是再狠打。这样越打越犟，越犟越打，本来平静随和的孩子，却被家长打成了一副不服管教的犟脾气。

其实，父母可以采用"挑战非理性信念"的方法帮助孩子，针对那些造成孩子不良情绪的想法的念头，问孩子："这样可以吗?""真的能够这么做吗?"让孩子学会自我质疑，便可以使孩子冷静思考，最后发现自

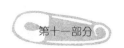

己原来那些自以为是的想法，其实是不对的，于是"理"不直，"气"不壮，自然也不会那么任性了。

除了教孩子要理智地对待自己以外，还让告诉孩子要正确地对待别人，要听得进别人提出的意见，尊重事实，尊重其他人，不要对别人的一些细小的过失而斤斤计较，要理解别人的一番苦心。还要学会宽容别人，原谅别人的过失，同时制约自己，宽容别人的同时对自己也强加约束，不能随心所欲，时刻照顾一下别人的感受。

同时还要克服自己思考问题的片面性。有的孩子经常在家里发脾气，和父母发生对抗，因为父母没有满足他们的要求，或是孩子并不满意准备的东西，这就是因为孩子太自我了，从来没有考虑过父母的感受。父母要让孩子意识到并不是他提出的所有要求都必须得到满足，也有实现不了的愿望。这样有助于帮助孩子消除他们强大的自我意识。

胆小的孩子怎么教？

很多父母经常会觉得自己的孩子胆子小，带出去见人或在路上遇到熟人总是扭扭捏捏，不敢看人，不敢打招呼，甚至有的孩子喜欢躲在家里不出去参加活动。如何改变孩子胆小的性格，是很多父母觉得困扰的问题，也是他们急于想解决的问题。严格地讲，孩子胆小害羞其实是他们进行自我保护的一种自然行为，随着孩子年龄的增长和与外界接触的频率增加，孩子胆小害羞的行为就会减少。

但有的孩子可能到了四五岁或上了小学还是很胆小、很害羞，这个时候父母就应该引起重视，想办法帮助孩子渡过难关了。

想帮助孩子摆脱胆小的困扰，首先就要找出他们胆小的原因，然后再对症下药，才能药到病除。一般来讲，孩子胆子会小主要有几下几种情况：

一是孩子在婴幼儿期的时候与外界接触较少。现在小孩子一般都是由家里的爷爷奶奶或外公外婆带着，平时很少见到生人，也不经常出去和小

朋友一起玩。我们看到，那些平常接触人比较多的小孩子都比较活泼、放得开，所以，要多带孩子接触外界，让孩子多和其他小朋友一起玩，比如参加一些集体活动，鼓励孩子在外人面前表演自己的拿手好戏，这些都是帮助这种胆小孩子最好的方法。

二是一些父母不当的教育方式，会促使孩子变得胆小。上面已经说过，胆小是孩子进行自我保护的一种自然行为，等他们长大一点后这种现象会慢慢变少，但有的父母不了解。他们把孩子的这种表现当作一个很大的缺点，急于去纠正，但是方法又不正确，经常强迫孩子在众人面前表现自己，当孩子不愿意的时候，他们就说孩子胆小。父母给孩子一个这样的定位，使孩子内心里也认为自己是胆小的，从此变得更加胆小害羞。

还有的父母是经常自己吓唬孩子，用一些可怕的现象或孩子害怕的东西来恐吓孩子，以此希望能教得孩子听话，这样时间长了也会使孩子变得胆小。所以父母应该改掉这样的习惯，要给予孩子一些正面的信息，经常鼓励孩子。帮助孩子建立自信心，鼓励孩子多做自己喜欢做的事情，让孩子多多体验成功的乐趣。在孩子做错事的时候也要宽容对待，不要动不动就打骂孩子。这样孩子的胆子就会逐渐变得大起来，变得不再害羞。

学习吃力怎么办？

看到孩子学习成绩不好，不爱去学校，成绩总是最后，害怕考试……父母看着心里着急，买各式各样的辅导书，请了无数的家庭教师，什么方法都试过了，可是孩子似乎没有一点儿进步，孩子学习太吃力，父母如何才能帮孩子使上劲呢？

孩子的学习出现了问题，可能是因为孩子没有掌握正确的学习方法，也有可能是孩子上课的时候开小差了……总之有很多原因，父母首先应该了解清楚孩子的"病症"，对症下药，不要盲目地给孩子进补。但实际上很多父母都是简单地从孩子的考试分数上来判断孩子学习的好坏，哪一门

功课成绩不好就补哪门，在没有帮助孩子寻找出真正让他们感觉吃力的原因时，就开始为孩子请家教、买辅导教材、申请培训班……但孩子的成绩却不能因此而得到提升。父母所做的这些盲目的举措，在没有任何效果的情况下，不仅浪费了大量的金钱和精力，最重要的是浪费了孩子最宝贵的时间，这样反而更容易导致孩子情绪波动，从而造成恶性循环，甚至使孩子的成绩更加不好。

其实影响孩子学习成绩的因素有很多，比如说学习方法与学习习惯、知识点的掌握度、孩子的认知能力、学习状态等方面，无论哪一个出现问题都会影响到孩子的学习。因此，父母在帮助孩子选择辅导方式之前，一定要先了解清楚孩子为什么会觉得学习吃力，找出影响孩子学习的最后根源，才能有的放矢，从而为孩子进行有针对性的训练，让孩子能轻松快乐地学习。

当孩子开始表现出不爱学习，对学习没有兴趣，成绩一会儿高一会儿低时；当孩子学习严重偏科，对于自己的弱项科目更加讨厌，或相同的知识点总是犯同样错误时；当孩子学习的时候粗心马虎，会做的也经常做错，成绩总是没有进步时；当孩子学习的时候心情烦躁，坚持不了几分钟，静不下心来学习，再刻苦学习成绩也提不上去时，父母就应该关注孩子的学习情况了。和孩子一起给自己的学习做个体检，把影响他们学习的病因找出来，帮助孩子一起摆脱学习吃力的情况。

不让看电视就哭，怎么办？

现在家家户户都有电视机，有的家里甚至还不止一台，电视方便快乐了大家的生活，但也造成许多"电视儿童"的出现，很多孩子一不让他们看电视，就哭闹个不停。其实，父母都知道看太多电视对儿童不益，但一旦真要去阻止孩子看电视时确实有一定的难度。

其实，很多孩子喜欢看电视，很大一部分原因是其父母也是电视一族。就是因为有的父母为了避免和孩子争抢电视频道，所以有的家里才会有不

止一台电视机。一旦孩子养成了看电视的习惯，那么再想让孩子戒掉电视瘾就很难了。

有的父母还喜欢处在电视开启的状态，即使不看，他们回家的第一件事也是打开电视，一边开着电视，一边再做其他家务或工作，同时让电视声音充当背景，因此而让孩子也养成了这样的习惯。在这样的情况下，父母应该如何来进行改善呢？

我们可以多进行一些其他活动来帮助孩子转移对电视的依赖，比如说多带孩子出去郊游，让孩子零距离地接触大自然，这对于培养孩子的观察力和思维力都是很不错的方法。身临其境的感觉，和孩子在荧幕上看到的感觉是不同的，记忆想法也会有所区别。电视画面再美，也只是刺激听觉和视觉，但是接触大自然还可以开发孩子其他的感官，是很好的自然教材。

父母还应该从自身做起，少开电视，多花点时间和孩子一起游戏、一起阅读，或者让孩子也尝试着参与家务劳动，这些对孩子都是很好的教育。没时间陪着孩子的时候，也不要只想到电视，可以给孩子几张纸和几只笔，让他自己去书写、画画，或者给他一份拼图，请孩子完成……

看电视仅仅是一种消遣的方式，而且电视快速的画面容易造成孩子思考停滞，如果父母希望孩子能得到良好的发展，还是要多陪伴孩子做一些有意义的活动，或有益于孩子健康发展的活动。如果孩子还小还不识字，也可以通过给孩子朗诵、讲故事，和孩子一起畅游在书的海洋。但也不是说就硬是不能看电视，只要给孩子挑选好节目，控制好时间，还是可以的。将电视当成是孩子学习的教材，而不是像一般大人一样仅仅是娱乐消遣，在孩子看完电视后，和孩子一起讨论一下节目的内容，将看电视的行为也变成一种学习。

为什么孩子不愿去幼儿园?

小小咪也到了上幼儿园的年纪了，早两个星期小咪就带她去过幼儿园玩，让她开始熟悉幼儿园的环境了，直到报名及第一天上学，小

小咪都很开心。而且第一天去上学的时候，还只让小咪送到门口，就和小咪说拜拜，自己和另一个小朋友一起进去了。但是第二天第三天，小小咪就又哭又闹，不愿意去幼儿园了。

是不是一到了送孩子上幼儿园的时候，就会发现孩子总是在家里磨磨蹭蹭，不愿意出门？或者和妈妈到了幼儿园门口还哭着吵着不肯进去，不愿意上幼儿园，让妈妈把自己送回去？为什么大部分孩子都会出现这样的情况：刚送孩子去上幼儿园的那几天，孩子会很高兴，但刚上了一两天就不愿意去了呢？

其实孩子不愿意上幼儿园很有可能和他们在幼儿园有过不愉快的经历有关，比如说不适应集体生活，和其他的小朋友相处不好，老师太凶等，让孩子对上幼儿园产生了一种恐惧感。要改变这样的现状，仅仅凭几句口头劝说是没有效果的，就算是鼓励也激发不了孩子对上幼儿园的兴趣。甚至有的父母采取强行让孩子去上幼儿园的办法，送到门口就赶紧走，这样反而会起到相反的作用，孩子反而更加不愿意上幼儿园。正确的方法应该是积极地引导孩子去幼儿园。

父母应该帮助孩子消除对幼儿园的不良印象，多和幼儿园的老师进行交流，向老师说明一下孩子的情况，让孩子在入园时能感受到老师的关心和其他小朋友的友爱，让孩子对幼儿园的活动感兴趣，从而愿意上幼儿园。

还可以采用循序渐进的方法，在孩子入园前提前带孩子去熟悉一下，让孩子在外面看到幼儿园里面的小朋友做游戏，给孩子讲一些幼儿园里面小朋友做的活动，但先不要提出来要送孩子去幼儿园，这样过了几天，孩子自己就会有想要入园的欲望。

父母千万要注意的是，不能在孩子不听话的时候用幼儿园来吓唬孩子，在入园前或入园后说一些"再不听话就把你送到幼儿园去"，或者说"你看谁谁不听话他爸爸妈妈就把他送去幼儿园了"等等之类的话，这样孩子对上幼儿园肯定会有排斥感，认为去幼儿园是对他的惩罚，就不会想去幼儿园了。

在送了孩子上幼儿园以后，父母每天都要准时接送。送孩子上幼儿

园之前，跟孩子说好妈妈上班去了，白天的时候就把你交给幼儿园的老师照顾了。下了班以后再来接孩子，利用和孩子一起回家的这段时间做好亲子沟通。问问孩子在幼儿园觉得愉快吗？有没有什么快乐的事情和妈妈分享？不要只知道问孩子在幼儿园学到了什么。在日常的生活中多注意帮助孩子提高自身素质，让孩子可以较快地适应幼儿园的生活。在遇到孩子不愿意上幼儿园的情况时，父母一定要有耐心，找出真正的原因再去寻找对策，而不要一味地强迫孩子。

什么时候开始教孩子识字比较合适？

现在市面上的早教书籍、光碟，还有各式各样的学习机、学生电脑随处可见，而且很多早教观念提出没有必要让孩子那么早识字，孩子的童年就应该在玩乐中度过，就是要让孩子玩；但是有的父母还是觉得孩子应尽早开始识字，越早接受能力越快，以后学起来就轻松得多，应该尽早开发出孩子的一切潜能。

究竟什么时候让孩子开始识字比较合适呢？这是很多 80 后父母的疑问。根据心理学研究表明，儿童识字主要是依赖于其形象知觉的发展，而四五岁的孩子正好到了儿童形象知觉发展的敏感期，是孩子开始识字的最佳年龄。根据近年来的一些教学研究和实践证明，四五岁的孩子普遍可以认字，而且他们识字的速度并不比六七岁的孩子慢。所以，一般来说从孩子 4 岁开始教他们识字是最佳的时段。

当然，随着社会的发展进步和大家生活水平的提高，孩子的身体及智力发育都比以前要快，父母可以根据自己家孩子的情况灵活掌握这个时间段。有的 3 岁多的孩子也能够认字，到了 5 岁后就能学会汉字的大部分笔画，并且能根据笔画分析字形和进行书写。父母可以在孩子 3 岁的时候开始，适时地教孩子认识一些简单的汉字，一方面可以提高孩子的记忆力，另一方面也能为孩子上学打下良好的基础。同时，还能给予孩子其他方面

的教育和培养，帮助孩子全方位发展。

平常带孩子多去逛逛书店、图书馆，让孩子多接触那些丰富多彩的图书，培养孩子阅读的兴趣，调动孩子学习的积极性。也可以让孩子自己去翻阅那些识字卡片、挂图等，在孩子表现出特别有兴趣的时候买回家，趁机教孩子识字。为了让孩子能记住学过的字，父母应该让孩子多复习，反复教那些字，重复机会要多，但不能增加孩子的负担，在孩子不愿意学的情况下不要强迫孩子识字。

经常带孩子去动物园、植物园，在玩的时候可以带上孩子的一些相关识字卡片，让孩子把卡片上的字与实际的动植物对应起来，比如说在看到熊猫的时候，让孩子从卡片中找出那张写有"熊猫"的卡片，卡片上不要有图。看到花的时候让孩子把写有"花"的卡片找出来，当孩子回答正确时，父母要给予一定的表扬，从而调动孩子的主动性和积极性。

如何帮助行动散漫、注意力不集中的孩子？

爸爸和妈妈是否已经受够家中的小霸王，他们看起来总是心不在焉、注意力不集中？这样的孩子做事情总是喜欢拖拖拉拉，一而再再而三交代的事情还是忘东忘西，怎么大声叫孩子都不回应以及总是喜欢耍赖找麻烦。苦恼的爸爸妈妈对于这些头痛的问题实在是很担心，怕对孩子将来的发展造成阻碍，影响孩子日后的学习。

家中这些注意力不集中的孩子，常常被误解为是行为有偏差，或者被大人认为有懒散的习惯，因为父母觉得与这类孩子很难沟通，也因为孩子行为上的特殊表现，使得孩子总会遭到他人的排斥和异样的眼光。其实，这些孩子并不是不想好好地沟通或做出让大家觉得正常的行为，只是因为一些潜在的因素控制了他们的外在行为表现。

针对孩子这种行动散漫、注意力不集中的行为爸爸妈妈先别过于恐慌，先回想一下，孩子无法维持很好的注意力时，作为父母肯定做过很多

的努力或使用过一些处罚方式，比如说责骂宝宝、不能出去玩、罚站、挨打什么的，虽然有的方式也会有一定的效果，但是真正的内因没有解决，还有可能使情况一再发生。

对付这种注意力不集中的孩子，确实是一项又棘手又具有挑战性的任务，但其实爸爸妈妈经过仔细观察就会发现，孩子也会为了一些正当的理由而苦恼，他们并不是无理取闹。但是这样的行为，就需要父母有一定的耐心，细心观察，了解了孩子的问题后再从旁协助，如果能够给予孩子适当的帮助，是能够帮助孩子改变这样的现状的。

给予注意力不集中的孩子多一点的正面关怀，如果希望注意力不集中的孩子去做些什么，可以温柔一点适当地提醒孩子他们的行为目标，帮助孩子慢慢走向正轨。不要对孩子吝于奖励和夸赞，只要孩子完成一项任务就给予夸奖或发给孩子自制的奖章，告诉孩子集到了一定的数量就在周末的时候带他们去公园玩，这样孩子在努力的时候就会比较有动力和劲头。这个过程虽然辛苦而漫长，但是父母在遇到挫折的时候也不要太早放弃，一定要有耐心，为孩子创造可以成功的路。

比同龄孩子说话晚是大问题吗？

孩子都已经2岁了，却还不会开口说话，想要什么东西想表达什么意思还只是"嗯嗯"，然后用手指指。其实在多数情况下，孩子开口晚就是因为父母太勤快，替孩子做了太多的事情，孩子想要什么东西的时候用手一指，"嗯嗯嗯"一下，父母就会赶紧过去给孩子拿过来，几乎孩子所有的需要都不需要开口说，只要一个眼神或简单的声音父母就能替他完成。

所以有的时候当孩子需要什么，不要太着急达成孩子的愿望，孩子没有开口的时候，你可以问他想要什么。比如说孩子想喝水的时候，可以问一下孩子是不是要玩具，孩子摇头的话，再问一下孩子是不是想要吃饼干，孩子会继续摇头，再多问几次，孩子一着急可能就会自己开口说了。

语言的作用是非常巨大的，不仅有利于宝宝与大家沟通，还为宝宝学习社会经验、形成良好的道德品质提供了基础，因此父母要鼓励孩子努力学习语言，多给孩子说话的机会。平时多和宝宝说说话，讲讲故事，积极回应孩子的反应，不要对孩子的话置之不理。多教孩子学习一些简单的词汇，当孩子的语言中出现了错误时，也不要去取笑他。不要因为觉得好笑而总是去学习孩子错误的语言，故意重复孩子的错误，而是应该给予孩子正确的示范。

在日常生活中，父母可以和孩子多说话，来帮助孩子提高他们的语言表达能力。当然，并不是要你总是婆婆妈妈地絮叨，而是要把日常生活中的一些事情，通过清晰准确、生动形象的句子告诉孩子。比如说在给孩子穿衣服的时候，可以说："好了，我们现在要开始穿衣服，先把你的小手伸过来，伸出左手然后从衣服袖口这里伸进去，好了，现在再把右手伸过来，对，宝宝真听话……"类似这样的语句。总之，运用你的经验和所感受到的，来帮助孩子增加他们的生活体验，并且慢慢学会如何描述。

从小就给孩子读书、讲故事，从多早开始都不算早，这样孩子从小就能养成良好的阅读习惯，这在很大程度上将影响到他们今后的学习习惯。所以，只要有时间，就可以带着孩子一起看书，先从单张的卡片开始，然后再慢慢过渡到图画比较多的绘本，最终发展到以文字为主的图书阅读。和孩子一起听歌唱歌，多带孩子出去玩，让孩子从心眼里喜爱学习。所以多带孩子接触社会，多见世面，对于孩子的语言发展能力也是有好处的。

爸爸没时间和孩子玩怎么办?

自从生了小小咪，大咪就觉得自己身上的担子更重了，所以暗暗地下决心，一定要给小小咪一个美好的未来。除了自己的全职工作以外，大咪还做了一份兼职，每天都是很早就起床去上班，晚上回来还要完成自己的兼职工作。这样大咪每天陪孩子的时间就越来越少，有

时候甚至连周末都要工作。小小咪有时候都会问妈妈，是不是爸爸不喜欢她，所以才总是自己一个人关在书房里面，不和她玩。

对很多家庭而言，都是妈妈花在孩子身上的心思比较多，和孩子在一起的时间也比较多，而爸爸和孩子待在一起的时间相对要少一些。不过根据相关研究表明，**花在孩子身上的时间并没有成为影响孩子的最主要的因素。重点是爸爸和孩子在一起的时候都在做什么。**是和孩子一起互动，还是和孩子闹矛盾？还是指导孩子的学习？爸爸是孩子最积极、最主要的游戏伙伴之一，通过和爸爸一起游戏能对孩子的发展产生深远的影响。

所以，爸爸即使工作再忙，再没有时间，也应该适当抽出一定的时间与孩子一起做游戏，陪孩子做他们喜欢做的事情。爸爸同孩子游戏的方式对孩子的身心发展都有非常大的影响。一般爸爸比较喜欢做触摸和充满激情、速度的游戏，比如说弹跳和举高，尤其善于将孩子举高逗乐。与妈妈同孩子的游戏相比，孩子的兴奋点和激情点处于更高的水平，这对孩子的技能发展更有作用。孩子在与爸爸游戏的过程中还能学会识别他人的感情，学会调整自己的感情。有很多实例证明，如果爸爸经常在孩子面前表现出消极的情绪，喜欢发脾气，往往也会导致孩子在同其他伙伴交往的时候不能适应，经常会有攻击性的行为，或者在社会行为中表现比较差。

那些平常总是忙于工作的爸爸，可能只有在收到孩子的父亲节礼物时，才会对自己花了很少时间在孩子的身上有所反省。那么，想参与孩子童年的爸爸究竟应该怎么做呢？如何才能平衡好工作与孩子之间的关系呢？事情那么多，时间那么少，究竟要怎么做才能协调好？爸爸们只要记住一点，尽量不要将工作带回家做，虽然有的时候真的没有办法，但还是要尽自己最大的努力减少这种情况。多给孩子一点时间，即使是各自有各自的活动，孩子玩玩具，爸爸看报纸，也都是家人共处的美好时光。否则孩子眼中的爸爸，永远都只是关在书房，坐在电脑旁，一句"不要吵爸爸做事"就把孩子打发走了，那么时间一长，孩子自然不会再找爸爸了。

做与不做，关键是看有没有心。爸爸千万不要小看自己在孩子成长过程中的重要作用。爸爸的角色是特殊的，是妈妈花再多的时间也无法取代的。多给孩子留点时间，相信一段时间以后，爸爸就会发现这样的付出是值得的。

如何处理父母的育儿观念大相径庭？

从古到今，每一个家庭都有自己的教育方式，每一对父母都有自己的教育观念，很多家长都愿意遵从一些已被大家认定的育儿观念去教育自己的孩子。但是，随着时间的推移、时代的发展、社会的进步，教育观念也在不断地更新，当家里爸爸妈妈的教育观念不同的时候，我们应该如何处理？

有的妈妈认为，多听古典音乐可以提高宝宝的智商。这个观点的提出源于美国的一项实验。研究者给一组学生听《莫扎特奏鸣曲》，另一组学生不听，然后进行对比测试，结果听音乐那组学生的考分要明显高于不听音乐那组学生的考分。从此以后，这个结论被广泛传播开来。所以，专门播放给孩子听的古典音乐 CD 也陆续出版，让妈妈们都相信，多听古典音乐是可以提高孩子的智商的。但爸爸却有不一样的看法，他们认为孩子听什么不重要，重要的是让孩子能在音乐的氛围中快乐成长就可以了。根据最新的研究表明，让 4~6 岁的孩子去学一些乐器，可以帮助他们提高注意力和记忆力。但究竟听音乐对孩子的智商有什么帮助，目前为止还没有一个定论。因此，如果父母希望孩子能够从音乐中获益，最好能在孩子到了一定的年纪后去学习一门乐器。

还有的妈妈为了让孩子能早一点学会走路，给孩子买了学步车，而且把孩子放在学步车里，妈妈还可以安心地做其他的事情。但爸爸却觉得让孩子用学步车不仅不利于孩子学会走路，而且还不利于宝宝学会正确的走路姿势，让孩子站在学步车里，会让孩子学会独自站立的时间推迟，如果学步车的座位高低没调好还会导致孩子在学会走路后习惯踮着脚走路。更

严重的是，让孩子站在学步车里，容易发生磕碰，对孩子造成伤害。由于学步车确实很容易危及幼儿的人身安全，所以还是建议父母不要使用学步车，让孩子从一开始就学习依靠自己的双脚和双腿站立和行走。

还有很多很多的育儿观念可能父母都会有不同的意见，当大家的观点发生分歧的时候，千万不要争吵，尤其不能当着孩子的面，也不能今天采用爸爸的育儿观点明天采用妈妈的育儿观点，这样会让孩子不知所措，养成不好的习惯。所以，父母应该多沟通、多探讨、多请教，争取全家用一个统一的方法对孩子进行培育，采用最适合自己孩子的教育观念来培养孩子。

比如说当孩子做错了事的时候，可能妈妈会比较严厉，责罚孩子或训斥孩子，但爸爸又比较心疼孩子，就帮着孩子说话反抗妈妈。其实这样是万万不可的，这样孩子会觉得他有了保护神，以后不管做了什么事情，如果妈妈责罚他，爸爸可以替他求情来逃避妈妈的责罚。即使再怎么疼爱孩子，夫妻双方也应该采取一致的教育方式，爸爸不当场与妈妈作对，先帮助孩子纠正错误——当然不需要两个人都那么严厉，但至少要站在统一的战线——指出孩子的做法是错误的应该要改正，事后两人再商量一下教育孩子的方式是否需要这么严厉，能不能心平气和一点，父母尽量不要在孩子面前对立。

两人的教育方式不一样的时候，还可以多听一下过来人的意见或专家的意见，在取得统一的意见后，再用比较好的教育方式对待孩子，这样就不会让孩子因为你们的要求不一样而无所适从，或因为一方的偏袒而恃宠而骄。凡事多商量、多研究、多讨论，便能很好地处理夫妻双方育儿观念大相径庭的矛盾。

妈妈忧郁的话，孩子会不会出问题？

在辛苦怀胎十个月后，迎接了生命中的第一个小生命，整个家庭都沉浸在幸福的喜悦当中。但不知道从什么时候开始，妈妈会毫无原因地产生倦怠，无论是对于这个大家庭，还是家庭的其他成员，或者是刚来到世上的小宝宝，还有其他一切的一切。

忧郁症是很多人耳熟能详的一种疾病，产后忧郁症是忧郁症的一种，过去经常被大家忽略。曾经发生过的母亲拿刀砍杀婴儿的事件，抱着婴儿跳楼的事件，将婴儿溺死在水中的事件，便是由于妈妈产生忧郁症所酿成的悲剧，因此产后忧郁症已经成为现代社会家庭不可忽视的疾病。

产后忧郁症的定义为产后 2~6 周，产妇由于身心还未完全恢复，所造成的种种困扰使产妇对生活压力及神经内分泌变化特别敏感。如果发现产妇出现心情低落、对以前感兴趣的事情也失去了原有的兴趣、产生自杀的念头、注意力不集中、行动变得缓慢时，那就可能是患上了产后忧郁症。

也许很多产妇的家人都会认为产妇患上忧郁症是她们自己心理的问题，认为这是她们一种逃避角色转换的手段，但事实上并非如此。曾经有专家指出，妇女产前情绪低落一般只是暂时性的情绪问题，有七到八成的孕妇都会经历这种情绪低落，经过几天（不超过 2 周）就可以调整过来。但是相对于情绪低落，产后忧郁症则是一种疾病。

造成产妇产后忧郁症的原因有很多，可以分为生理和心理两方面主要原因来进行讨论。生理方面，是由于产妇的生产过程经历了荷尔蒙的急速变化所导致而成。在怀孕后期，黄体素和雌性激素会增加，但在生产后便会剧烈下降，使得孕妇有忧郁的症状产生；另外，神经传导物质的变化也有相对的关系。心理层面，由于产后照顾婴儿是一件非常耗损精力的事情，婴儿不固定的睡眠与进食时间，常常会使得产妇睡眠不足，时间一长，精神与体力的透支就会使产妇陷入焦虑、忧郁、不安的情绪当中，如果不及时得到调整便会越来越严重，最终导致伤害自己孩子的事件发生。

作为一名刚刚成为母亲的产妇，一时间可能很难接受这个角色的转换，并且感觉一下子增加了很多事情，因此在忙碌的同时花点时间保持良好的仪容是帮助产妇转移注意力、消除疲劳的一个有效的方法，还能保持心情的愉快；产妇与外界继续保持联系，如果因为生产后带孩子而与外界割断联系，过着与世隔绝的生活，便容易被晦暗的心情困扰着自己，陷入郁闷的状态；要是感觉自己一个人撑不下去，觉得很累，要记得告诉自己的丈夫，虽然他的工作也很忙，并不能实实在在地帮着做很多事，但是丈

夫的一句安慰、一个暖心的眼神，就能化解一切的委屈。

还有就是其他家人的理解和关心，比如产妇的父母或公婆，更应该理解产妇所承受的痛苦和烦恼，不要只关心婴儿的性别、体重，也要多过问一下产妇的健康状况。另外，提倡母乳喂养本身是件好事，可有的长辈拼命催产妇吃"能发奶"的食物，好像产妇只是喂养婴儿的工具，这样也会使产妇的身心受到某种伤害。

但最重要的是产妇自己应该学会自我调适，这才是最主要的预防和控制手段。要明白自己作为母亲具有不可推卸的职责，也应深刻体会自己付出母爱的社会价值和人生价值，保持心理平衡，不要因为自己一时钻牛角尖而对孩子造成伤害。

离婚后怎样抚养孩子呢？

现在离婚和分居都变得很普遍，其发生率较以前有了很大幅度的提高，尽管有可能在小说或电视里看到和平分手这一类的事，但在现实生活中大部分人都会对彼此感到气恼。并且在离婚后的一段时间内甚至是十几年内，都会使所有的家庭成员感到不安，尤其是处于成长期的孩子。

那些父母离异的孩子绝对不可能不受到任何的影响，有的孩子甚至会长时间在愤怒、失落和不确定的情感里挣扎，但大部分孩子都能继续自己幸福美满的生活。究竟离婚后如何抚养孩子才能让孩子的心理更健全，让他以后的生活更幸福呢？

其实不管父母是否打算离婚，孩子都能感觉到父母之间的冲突，从而感到不安。为了能让孩子明白实际情况并不像他们心里所想象的那么糟糕，父母应该允许孩子和父母一起讨论这件事情。要想让孩子长大后能够相信自己，就要让孩子相信父母双方。在告诉孩子父母离婚这件事的时候，一定要给孩子讲清楚原因，同时给孩子提问的机会，尽早帮助孩子纠正一些错误的想法。

帮助孩子最好的方法就是经常给孩子机会让他和父母谈论自己的感情，让孩子相信这些感情都是正常的，并不是他导致了父母的离婚，而且父母也还爱着他。如果父母自己也经常会因为感情问题而受到困扰，就可以给孩子找一个可以经常拜访的有经验的咨询专家，替孩子摆脱这种困扰。

不管有没有取得孩子的监护权，在孩子年幼的时候，都应该多抽时间和孩子共处，让孩子依然能感受到家庭的温暖。不要因为离了婚没有取得孩子的监护权，就放弃对孩子的关爱，这样反而会让孩子也变得冷漠无情。父母共同监护是离婚后的父母为了孩子的幸福而共同做的努力，是一种积极的态度，也能给孩子做出榜样，让孩子对生活充满信心，以积极的态度迎接未来的生活。

即使没有生活在孩子身边，离得比较远，也可以通过电话或电子邮件、书信来与孩子继续保持联系，如果父母双方都能积极配合，就能够取得非常好的效果。如果父母都保持与孩子的联系，那么大部分的孩子都会在社会化、心理健康和学习等方面取得更好的成绩。

"修理"蛮不讲理的讨厌鬼

宝宝在半岁之前，他们的情绪主要与生理需求是否得到满足相关，但是，随着各项身体机能和认知能力的发展，半岁以后的宝宝支配自我行动的需求便开始不断增加。他们会因为得不到自己想要的东西或父母没满足自己的要求而感到愤怒。刚开始的时候，孩子的负面情绪会随着他们注意力的转移而很快消失。但随着孩子越来越大，情况就会有所改变，他们会因为不顺意而乱发脾气，并且会对大人用扔东西或打人的行为表达愤怒。

针对宝宝的这些不良行为，父母应该从宝宝小时候就开始制止并给孩子建立适当的规范，以免孩子养成蛮不讲理的习惯。比如说当宝宝出手打人的时候，父母可以抓住他的手制止，并说"不行"。每当孩子出现这些不良行为时，父母都应该用肢体和语言一致果断地表示"不行"。每次都会吸收到父母表示不行的这种信息，孩子便能够了解不行的意思，从而学会调整自己的行为。

造成宝宝蛮不讲理的原因有很多，其中有一个原因便是因为在宝宝的成长过程中太过于自我。因为是独生子，父母及老人过于宠爱，宝宝霸道是必然的结果。所以父母从小就要给宝宝适当地定一些规范和标准，对宝宝过于宠爱，不仅害了宝宝还害了自己，甚至赔上未来良好的亲子关系。

所以在孩子出现问题的时候，父母尽量不要以打骂孩子来解决问题，而是应给予规范。其实很多时候是要父母学会调整，打骂孩子可能也是因为没有办法了才会这样，觉得自己没有更好的方法来管好孩子。所以有时候也要回想一下自己给孩子订的规矩是不是清楚，执行的态度够不够坚决，这些规矩符不符合孩子的能力。然后尽量和孩子讲道理，有时候可以采用禁止他们外出或罚站的办法，或是罚他们不能吃自己喜欢吃的点心，或不能看自己喜欢看的电视来规范孩子。因为孩子被打通常只是被吓到，痛过之后又忘了，然后继续再犯，这样并不能达到管教的效果。如果要打，轻轻地打，并且一定要让孩子知道为什么他会被打，让孩子自己能说出犯了什么错，否则孩子只会在挨打过程中学习到没有办法的时候就可以无理取闹，使用暴力，反而变得更加蛮不讲理。

宝贝也疯狂，看看孩子的第一反抗期

看着孩子一天天长大，父母都会觉得欣喜，但是随着孩子年龄的增长，是不是发现他们越来越不听话了？他们越来越有自己的主见，不像小的时候那样听妈妈的话，尤其是还喜欢故意和妈妈作对。有的妈妈经常会为这样的事情而抓狂，孩子总喜欢和自己作对，以后该怎么教呢？其实孩子随着年纪地逐渐增长，身体不断地发育，他们的大脑也在急剧地发育，差不多到了2岁左右，孩子的思维活动也有了迅速的发展，自我意识逐步形成，

对独立操作显示出积极性。这个时候他们开始想要凭自己的意识去做事情，并且希望能够独立行动。

如果曾经有读过关于儿童成长方面的书籍的话，妈妈们就会明白，出现了这样的现象并不是孩子任性，只是到了孩子的"第一反抗期"，也可以叫做小小青春期。这个时期，孩子会像青春期的大孩子一样，有一定的叛逆性。你让他往东，他偏要往西，你叫他别动那个东西，他偏要去动，和孩子来硬的，他却能比你还硬。在这样的情况下，还不如先依了孩子，等孩子牛脾气过了之后再跟他讲道理。比如用平缓的语气告诉孩子，外面天气很冷，不穿上这个外套会感冒的，要不然出去试一下，让孩子亲自到外面体验一下是不是确实很冷，当他有了亲身体验以后，便会把衣服加上了。这样做并不需要费什么劲，但孩子就不会任性、发脾气、和妈妈作对了。如果采用强迫的手段，孩子在武力的压迫下可能会暂时屈服，但时间一长，反而会把一个正常性格的孩子塑造成一个任性的孩子。

所以，父母应该清楚孩子不听话有可能是到了孩子的"第一反抗期"了，这个时期内当孩子不听话时，不要总是去指责他，也不要总是在别人面前说自己的孩子任性倔强，这样反而会导致孩子内心里有了这样的认识，会更加叛逆。很多父母在这个时候都会忽略孩子的心理要求，总认为还是小孩子，哪里会有什么思想，懂得什么道理，只是单纯地想要孩子听自己的话，这样才是"乖"孩子，但结果往往不尽如人意。

对于处于"第一反抗期"的孩子，既不能用打骂等强硬的态度，也不能太娇惯孩子、一味宽容、听之任之，满足他们的任何要求。在有的情况下，父母也要狠狠心，坚持原则，在孩子乱发脾气、哭闹的时候不能无原则地满足他们。但是记住也不能打骂孩子。父母可以采用冷处理的方法，当孩子发现自己的无理取闹并不能让他们获得任何好处时，自然会停止哭闹。这个时候父母再和他们讲道理，并告诉孩子以后越哭闹越得不到好处。还要告诉孩子，不管是遇到什么事情还是有什么要求，都要心平气和地和父母说，大家采用积极协商的方法，这样不但可以培养孩子学会采用积极的方法处理问题的习惯，还可以帮助孩子顺利渡过孩子的"第一反抗期"。

比如说在孩子玩得正高兴的时候，如果你打断孩子并命令他去做其他

的事情，孩子心里肯定会不乐意，并与父母顶嘴。但如果你能稍等一下，等孩子的兴趣减退以后再安排孩子做别的事情，并给孩子讲清楚道理，一般孩子都会听话。利用这个机会还可以告诉孩子不是一定要他去做什么事情，但是有的时候是万不得已，有要紧的事，必须得打断孩子的玩乐让他去做，所以以后不要随便发脾气，要学会分析事态的轻重缓急。

只要父母能很好地处理，孩子即使是在反抗期、叛逆期，也不会不讲道理。

现代都市儿童的流行病——感觉统合失调

是不是很多父母都有这样的体会，当孩子开始学写字以后，刚开始写得歪歪扭扭的可以理解，因为他们才开始拿笔，还不是很稳，但是每次学了字在练习的时候却总是写错。这是为什么呢？孩子每次写字不是少了一笔就是多了一笔，而且每天都写同样的字，每次错的地方却都不一样。遇到这种情况父母都很担心，难道是孩子的智商有问题？

有的父母还因为担心带孩子去医院做了检查，但是大多数情况下，这并不是智商的问题。其实因为现在的家庭大多生活在都市里，都是住的高楼林立的小区，大家都是独门独户，父母平时又忙于工作，没有什么时间带孩子出去玩，所以很多孩子没有什么户外活动。孩子又都是独生子女，也没有兄弟姐妹一起玩，基本上都是在家里玩一些玩具，诸如变形金刚、汽车模型、芭比娃娃等。

过去玩弹玻璃球的土地现在变成了草坪或高层建筑物，过去那些踢毽子和玩沙包的空旷场所也变了停车场或商场，而这些活动却是孩子们锻炼手眼协调能力最有效的方法，每天玩这些游戏的孩子们一般不会出现手眼协调能力落后的现象。这也就是为什么现在出现了一种都市儿童的流行病——感觉统合失调症。

一般感觉统合失调的表现有：前庭平衡功能失常，多表现为多动、走路易跌倒、平衡感不强、注意力不集中、调皮任性、容易与人发生冲突等；视觉感不良，表现为尽管可以长时间地看电视玩玩具，但是没办法流利地阅读，经常会少读字或写错字，而且写字也经常会少写一笔或多写一笔，学了就忘记；听觉感不良，表现为对别人说的话没有反应，似乎没听到一样，而且喜欢丢三落四，忘记老师布置的作业；触觉过分敏感或过分迟钝，表现为害怕陌生的环境、爱哭、容易紧张、脾气暴躁；痛觉过分敏感或过分迟钝，表现喜欢冒险、孤僻不合群、缺乏好奇心；本体感失调，表现为方向感差、容易迷路、闭上眼睛容易摔倒、容易驼背、近视、怕黑等；动作协调不良，表现为动作协调能力差、走路容易摔倒、不能自如地翻滚、骑车、拍球等；精细动作不良，表现为不会系鞋带、扣扣子、使用筷子、手动能力差等。

同时，感觉统合能力不仅仅只是影响身体的肢体动作能力，也对人际互动、情绪管理、学习等带来不小的影响。例如：听觉特别敏锐的孩子，易因外界声音而分心，容易产生注意力不集中的现象。感觉统合能力发展正常的孩子，才有健全的感觉统合功能，帮助他认识、了解环境，进而利用协调完善的运动功能做出适当反应。因此感觉统合发展良好的孩子，情绪会较为稳定，精力旺盛，且对人、事、物都会感兴趣。所以，从小为孩子打好感觉统合能力的基础是十分重要的。

我们不一定非要用专业的器械或一些经过特殊设计的活动来对孩子进行锻炼，只要从小和孩子进行一些游戏，就可以帮助宝宝平衡各种感觉，以促进他们统合能力的发展，使他们健康快乐地成长。比如说和宝宝一起玩跷跷板的游戏——妈妈与宝宝面对面地站立，手拉着手，然后宝宝下蹲，妈妈站直，之后换妈妈下蹲，宝宝站直，这样反复。还有一种跳跃式击掌，妈妈伸出自己的左臂，向上伸直，然后让宝宝往上跳，并伸出手，尽量碰到妈妈的手，可以多跳几次，然后换右手，反复训练。

通过这些训练并不在于要让孩子变聪明，而是让孩子了解自己的需求及感觉特质是什么，并借由一些训练，帮助孩子尽快融入环境、发展与改善学习的技巧。